麵包的科學

令人感到幸福的香氣與口感的祕密

吉野精一　著

晨星出版

前言

經過麵包店時，忍不住受到「喚起幸福感的麵包香味吸引」，彷彿被迷住一般晃進店裡。踏入店裡後，店裡充滿香噴噴、甜甜的，各式各樣的麵包香。看向麵包架，接著是被「讓人想伸手去拿的烤麵包色」給誘惑，忍不住這個、那個都一一夾上托盤。閃耀著鮮艷光澤的橘黃色、金色的麵包，還有惹人憐愛的茶褐色麵包都齊聚於托盤上。一回到公司或家裡，便馬上迫不及待地大口咬起柔軟的甜麵包，又或是賣力啃著充滿嚼勁又形狀工整的法式長棍麵包，最後邊發出嘖嘖聲邊讚嘆：「啊——好滿足，眞好吃！」這就是麵包具有的魅力。

本書會介紹「麵包的魅力」背後的科學祕密，從原料特性到做法、製作程序等，按照順序一一解說。

在第一章、第二章中，首先會簡單提到「麵包是什麼」「是如何誕生的」等相關概要和歷史。

製作麵包會先從食用目的決定麵包做法及配方，再依據這些來選定原料及材料。這部分會在第三章的「麵包材料的科學」中，用簡單的科學來加以探究。

第四章會從許多製作程序中，選擇比較具代表性的來介紹，也會介紹麵包是經由什麼樣的過程做出來的。

第五章則是科學性地介紹「發酵」這偉大的人類發明，同時也會說明各種製作過程中究竟發生了什麼事。製作程序可分爲攪拌（mixing）麵團材料（麵團的產生）——發酵及中間製程（麵團的改善）——及烘焙（麵包誕生）這三個大類，這三階段分別擔任了非常重要的角色。首先，依據目的製作出符合麵包特性的麵團；接下來，控制麵團發酵的程度；最後，必須在適當的溫度及時間下進行烘烤。這裡所說的「麵包的目的」，是指預想麵包成品「在最佳狀態下會如何讓感官獲得滿足」。而想達到這個目標，就要在幾個程序中完成「必做事項」和「建議事項」，而這些事項的基礎，就是「麵包的科學」。

爲了讓你可以更加享受到麵包的美味，第六章介紹了一些跟享用美味麵包有關的科學小訣竅；而第七章、第八章則有各種小故事，介紹了許多世界各地的麵包，希望讀者們會看得很開心。

原本「麵包的科學」是爲了「做出更多美味的麵包」而誕生的研究、開發領域，但除了麵包外，也能應用在所有食品加工或食品相關產業。只要人還擁有本能的需求，科學就會永遠朝著人類的感官進化。所以只要人類還存在世上，「麵包的科學」也會永遠持續進化。本書中也傳達了一部分麵包「烤色」「香味、風味」及「口感和味道」的分析結果。但是就算用上先進的科學知識，現在也不過是了解了「知識的大半」中的一部分而已，世上還存在著無法估計的「未知」。

今天所有領域的「科學與技術」進化速度都很快，在「麵包的科學」領域中，也可以預見會迎來新的局面吧！筆者個人對於未來會有怎樣的發展，會不會有超乎想像的發現，將會抱著期待持續關注並參與相關研究。

吉野　筆

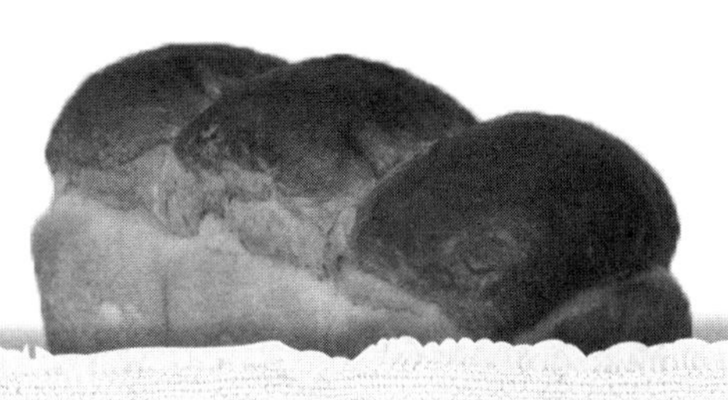

第3章 從科學角度談麵包材料——四名主角與四名配角

◉四個主角

◉四個配角

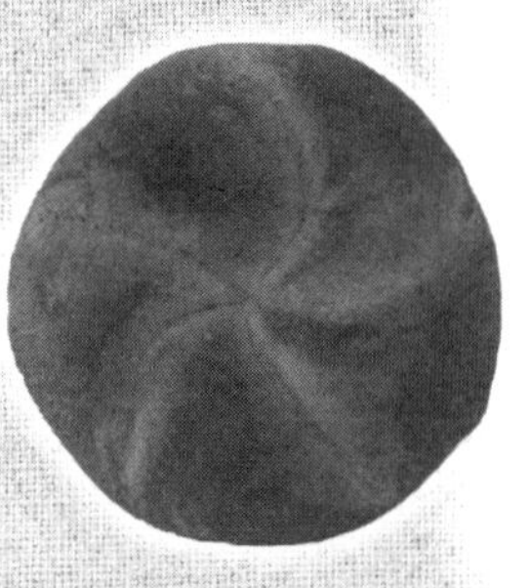

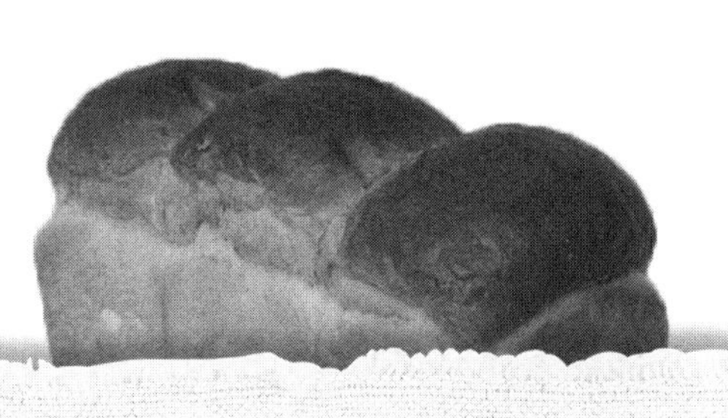

第6章 讓麵包變得美味的科學 183

第7章 麵包的閒話家常

207

- 令人懷念的超級麵包
- 添加物——關於麵包改良劑
- 日本國產麵包用小麥粉的大躍進
- 古埃及麵包與啤酒的「雞兔同籠」問題
- 簡單便利的麵團發酵測試

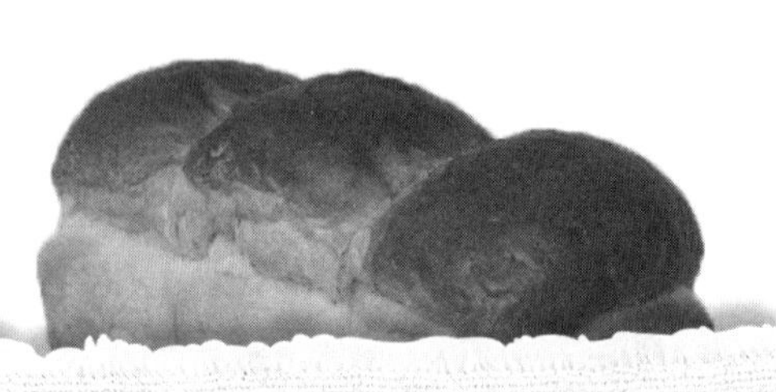

1 麵包的基礎知識

何謂麵包

街上的好吃麵包店愈來愈多了，話題談到麵包時氣氛也很熱烈，就算是價格較高或比較遠的店，似乎也有很多人會爲了買好吃的麵包而前去造訪。也常聽到被麵包香氣誘惑而忍不住走進麵包店的事。就算是街上的小麵包店，也就是「自家烘焙坊」，也可以透過獨家技法烘烤出美味的麵包。家庭用的製麵包機賣量似乎也在成長。那麼俘虜人心的「麵包」究竟是什麼呢？雖然理由有許多種，但我希望讀者們也可以透過「麵包科學」的角度來了解這個魅力，並能讓吃麵包這件事變得更美味及有趣。

「麵包是什麼？」

被問了這個問題後，怎樣的回答才是正確的呢？這是個很困難的問題。學術上的廣義定義是「用小麥或其他穀物的粉當做主原料，並混合其他原料做出麵團，最後進行加熱的加工食品」，這樣的定義有些乏味，聽完後也只會用「哦——」一聲就結束話題了吧！所以我們就來試著稍微詳細點地定義我們每天吃的麵包吧。如此一來，就會變成這樣：「大多使用小麥粉作爲主原料，並加上水、鹽、酵母等基本材料，以及其它副原料

（砂糖、油脂、蛋、乳製品等）加以攪拌，製作成麵團。接下來，利用酵母進行酒精發酵後的二氧化碳氣體來讓麵團膨脹，將之分塊或整型後，經過最後發酵並進行加熱（烤、蒸、炸等）完成麵包加工」。

以下針對「關鍵字」，也就是主原料和加工方法進行簡單的說明。

首先是關於主原料的小麥，衆所皆知這是穀物的一種，但其他可以用來做麵包的究竟還有哪些穀物呢？關於這點的意見相當分歧，狹義來說有小麥、大麥、玉米、野燕麥、黑麥、黑小麥（黑麥跟小麥的混種）、硬粒小麥、稻、蕎麥等九種。這幾種被ＡＡＣＣＩ（國際美國穀物化學師協會）及ＩＣＣ（國際穀物學會）認爲是主流的作物，除了蕎麥（蓼科）外都是禾本科的一年生草本植物的種子。廣義的解釋在國內外有各種定義，營養學及食品學上如小米（粟）、日本粟、黍等禾本科的雜糧，也有時會被認定爲是麵包的主原料，再擴大解釋的話，莧科的雜糧（藜麥、莧籽等）及豆類（黃豆、紅豆、菜豆等）也有時會被納入。無論如何，重點應該在於穀物的種子或豆中的胚乳及子葉的部分，通常含有相當豐富、對人類來說也很重要的三大營養素（蛋白質、脂質、醣類）之一的澱粉（醣類）。經由各種食品攝取的澱粉會在體內代謝後變成以肝醣的形式儲存在肝臟及骨骼肌中，成爲人類生活所需的必要能量來源。如果把人比喻爲電車或汽車，肝醣就相當於是電或汽油吧。

那麼加工呢？雖然依據原料及做法、製作程序有許多種的區別及分類，但麵包是用小麥粉或穀物粉進行「粉體加工」的食品。其中根據最具代表性的做法可將麵包分爲兩大類：

一是歷史最悠久、現代也還在食用的最單純的麵包。將小麥粉或穀物粉加入水和鹽，做成柔軟的麵團後稍微靜置一段時間後，拉成薄薄的圓形貼在灶的內側並用高溫烤成的「無發酵麵包」。

另一種則是二十世紀以來近代麵包工法作爲始祖的麵包，將基本原料（小麥粉、水、鹽、酵母）加上其他副原料（醣類、油脂、蛋、乳製品等）揉製成麵團，接下來控制好透過酵母進行的酒精發酵過程中產生的乙醇（麵包口味的「酛」〔酒母，發酵源之意〕）及二氧化碳（麵包膨脹的原因），讓揉好的麵團適度地發酵。這樣的麵團烘烤後便會成爲香氣十足又飽滿的「發酵麵包」。

單位：百萬t

品項	生產量		需求量		前期庫存量		前期庫存率（%）	
		較前年成長率（%）		較前年成長率（%）		較前年成長率（%）		較前年庫存量差值
小麥	724.76	1.1	714.53	1.2	197.71	6.0	27.7	1.3
玉米	989.66	0.1	976.52	2.4	185.28	8.5	19.0	1.1
米	474.86	-0.4	483.68	0.7	97.64	-8.8	20.2	-2.1
大豆	315.06	11.1	288.50	5.7	89.53	35.0	31.0	6.7

資料：USA「World Agricultural Supply and Demand Estimates」（2015年3月末）

表 1-1　世界主要穀物的生產量及消費量

小麥是穀中之王

世界三大穀物是小麥、米、玉米，而世界總生產量的順序爲玉米九點九億噸、小麥七點二億噸、米四點七億噸（表1—1）。以加工形態區分的話，米的食用方式壓倒性以粒食爲主，接著玉米是粒食及粉食皆有，而小麥則幾乎都是粉食，並有各種形式的粉體加工。以麵包爲首，其他還有麵類（烏龍麵、義大利麵、中式麵條）、蛋糕、點心等數不盡的種類。那麼，爲何小麥在全世界有這麼多種的加工食品呢？這是由於只有小麥才具有的幾種特性。

第一點是小麥中有上天賜與的「麥膠蛋白」和「麥蛋白」兩種蛋白質，小麥粉加水揉在一起後，麥膠蛋白會產生適當的黏度，而麥蛋白會產生適度的彈性，因而生出「麩質」。擁有這兩種截然不同特性的麩質，使得小麥粉加工的可能性擴增到無限大。麥膠蛋白、麥蛋白及麩質的特性都是製作麵包時不可或缺的，關於這個機制，將在第三章詳細解說。

第二點是在小麥粉的粉體加工過程中，除了水以外，絕大多數都會添加的必須材料之一：「食鹽」。鹽和小麥粉很合，在製作麵團時，鹽的效果及影響力也會如實反映出來，特別是針對前述所說的麩質扮演了重要的「收斂」角色。烏龍麵可說是最適合的具體例子了，原料爲小麥粉、水、鹽三種，標準配方比是小麥粉一百公克對上四十五～五十公克的水，鹽則是五公克。值得一提的是，鹽的量會占小麥粉的百分之五，大家可以試著咬一口還沒煮的生烏龍麵看看，應該會覺得「鹹死了！」——爲什麼要在配方中加入如此大量的鹽，那是因爲烏龍麵在揉製時，需要讓麩質收縮，讓烏龍麵產生出獨特的嚼勁。吃烏龍麵時幾乎不會感覺到鹹味，是因爲煮麵的時候鹽已經溶解在熱水中。如果去喝煮烏龍麵的湯，湯本身是很鹹的。

食物中有所謂「鹹淡」一詞，這個詞表現出了對人類來說，加入適量的鹽就會讓食物很「好吃」。而在這數千年間，小麥粉加工食品的發展也持續保有用鹽調味的歷史傳統。順帶一提，「鹽」是人類使用歷史最悠久的調味料，也請不要忘記即便是到了現代，鹽也是可以以最少的添加量，引出最大的美味的調味料。

第三，小麥粉加工食品的口感、香味受到古今中外無數人的喜愛，這是不爭的事實。和其它穀物及雜糧相比，小麥比較沒有特殊的味道，我們可以推測受到世人普遍喜愛的原因，正是因爲小麥所具有的「種子類獨特的植物味」及「纖維感」都頗淡，此外，加工方便性、應用範圍廣這兩種特性，也使小麥比其它穀物還具有實用性，因此在全世界都被視爲重要作物。

在文章開頭也有提到，小麥粉加工食品有麵包、糕點、麵食、點心類等數不盡的飲料及調味料種類。舉例來說，大麥現在大多數是做爲飲料的原料，米則是以飯的形式粒狀食用，玉米則是以粒狀生食或加熱後食用爲主，剩下則是點心類和煎餅。雖然有點可惜，但其他穀物現在大部分是只留下有用的部分來利用，剩下大部分會當做雞或家畜的養殖用飼料。這意味著小麥粉適合加工的程度及應用性壓倒性地超過了其他穀物，幾乎可說小麥粉就是穀物之「王」了吧！

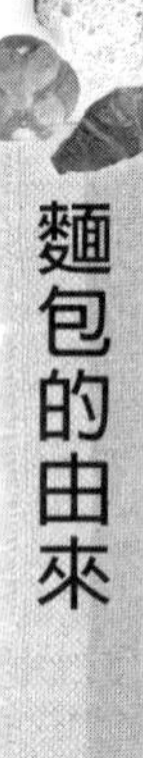

麵包的由來

關於麵包的歷史，我們會在第二章以後詳細說明，所以這一節就只簡單地提一下麵包的由來吧。

我們現在所吃的麵包，原料大多是小麥製成的小麥粉，說到小麥的由來，一般被認爲是距今一萬年前左右的中亞到西南亞一代自然長出的野生原種（例如斯佩耳特小麥等）。這些小麥的原種在五千年的時間裡做爲麵包用小麥被栽培、育種，並做爲麵包原料穿越大陸、普及開來。另外，麵包用小麥的傳播路徑相當多歧，主要是由以下的路徑往東西南北傳播（圖1—1）。

①西南亞～近中東～北非路線
②中亞～中東～地中海沿岸諸國～南歐路線
③中亞～黑海北部～烏克蘭、東歐路線
④中亞～蒙古～中國北部路線
⑤中亞～印度～中國南部路線

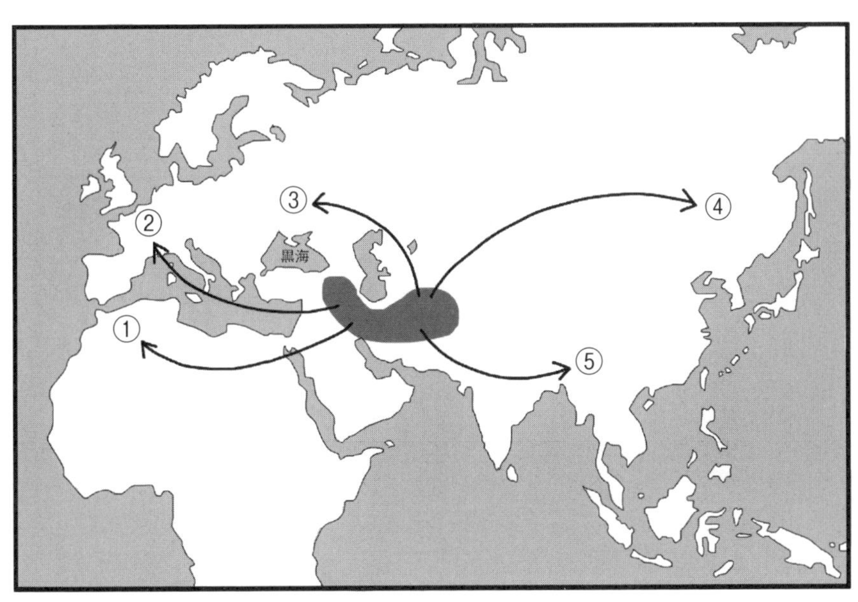

圖 1-1　小麥的傳播路徑

接下來談談麵包的起源吧。煎餅這類的「無發酵麵包」約是在西元前五千年左右出現，而將稍微膨脹的麵團進行烘烤的「發酵麵包」，則大約是在西元前四千～三千年左右的時候，以中亞～中近東～地中海沿岸的傳播路徑爲中心誕生，並擴散到各地。應該很容易想像得到，當時的麵包不論是無發酵或發酵，口感都是堅硬又乾巴巴、充滿草味的感覺吧。

西元前二千年～一千年左右的美索不達米亞蘇美文明或埃及王朝中後期，都使用大麥製造啤酒，並將剩下的殘渣跟大麥粉攪拌做成大麥麵包，或是和小麥粉混合做出混種麵包，此外，還有純用小麥粉製作的上等麵包，歷史記載當時就以這些小麥粉做的麵包做為主食，並搭配啤酒一起食用。如果用日本的情形來比喻當時留下的記錄，當時的農民被規定要將多少杯分的啤酒裝在壺裡做爲年貢上繳，還被規定要繳交多少個一般麵包、多少個上等麵包，而上流階層的官員也是用壺領取啤酒幾杯份、多少個一般麵包和多少個上等麵包來當薪水。

從西元前數百年的埃及時代開始，歷經古希臘時代，並在西元前後進入羅馬時代，而農耕技術及製粉技術從原始的方法，進展到出現石臼和篩等設備，還有灶等烘烤設備也被發明出來。此時，製作發酵麵包的基本技術已經差不多確立下來，隨著羅馬帝國的勢力擴大而普及到歐洲各地。

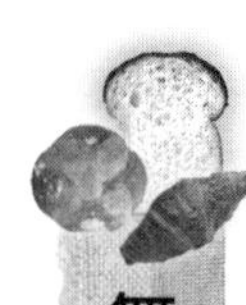

無發酵麵包與發酵麵包

翻開麵包的歷史，雖然看起來似乎是由無發酵麵包進化爲發酵麵包，但如果要問現在是否全世界的人都改吃蓬鬆的發酵麵包，答案還是「NO」。

現在食用無發酵麵包的人還是很多，理由也相當多種，例如無法栽種小麥的地區會使用玉米粉，如中南美的「墨西哥薄餅」就很有名；另外，歐洲北部～俄羅斯～斯堪地那維亞半島地區的話，以黑麥製成、沉甸甸且口感有嚼勁的傳統麵包「Knacke」就是主流，因此，麵包有豐富的種類。另外，中亞到近中東及北非一帶是以小麥粉當原料、較柔軟的無發酵麵包的寶庫，因爲相當普及、一般化。

如果要舉例出具代表性的無發酵麵包，亞洲如印度、巴基斯坦、阿富汗、伊朗常食用的印度烤餅，中近東如伊拉克的Tanoor、敘利亞的Khubz、土耳其的Yufka等，這些都是用烤的圓形薄麵包（麵餅）將料理包起來，或是切段後夾著料食用。爲什麼提到無發酵麵包，就會想到印度咖哩、土耳其的卡博（Kebab）等近中東地區代表性的傳統燉煮料理呢？推測或許是搭配這些料理不需要體積膨大的發酵麵包吧。另外，也是因爲這些區域中存在許多因印度教、猶太教、伊斯蘭教等宗教戒律而避免食用發酵麵包的人、甚至是國家或民族（參考Ｐ38）。

另一方面，目前還不能確定是在什麼時間點，但發酵麵包及無發酵麵包似乎都是從中亞經過中近東而傳入埃及的。舉例來說，伊朗、巴基斯坦、阿富汗都以經常食用饢（又常稱爲南餅）而聞名。近中東一帶常食用皮塔餅，而埃及則是常吃埃及麵餅（Aish baladi），這些麵包多是把柔軟的麵團擀成圓形，貼在名爲饢坑的窯的內壁上，烤一至二分鐘而成。這類麵包的特徵是麵團內部的二氧化碳氣泡，會和汽化的水分一起產生，所以會在烤好的麵包中產生大空洞。利用這些空洞，可以將肉類或豆類的燉煮料理塞入餅中食用，這種食用方式至今仍然被延續下來。

而從古埃及時代開始就喜歡麵包的埃及人除了烤薄麵餅外，還開發了各式各樣的麵包。而最劃時代的發明，就是開發出了塞滿內餡的圓盤狀麵包，以及球形麵包這些發酵麵包。這就是我們現代所吃的歐美型發酵麵包的起點。而這些麵包經歷埃及王朝〜

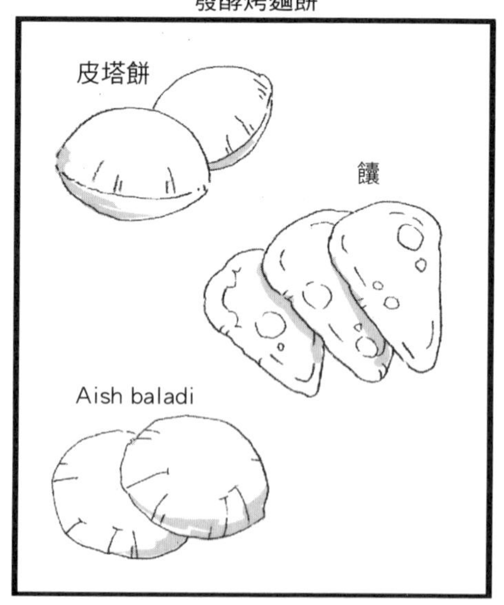

圖 1-2　無發酵麵包及發酵麵包的例子

古希臘～羅馬帝國～中世紀歐洲，一路繼承到了現代。並和基督教文化一起發展。特別是在中世紀歐洲的修道院，麵包工法及製造技術與釀酒、起司的製造方法一樣，都有了飛躍性的進步。而這些麵包普及到了全歐洲，各地也都擁有了各自獨特的麵包（圖1－2）。

Pan還是Bread？

在日本，「Pan」和「Bread」兩種名詞被認為指的都是同樣的食物，但為什麼會有兩種叫法呢？

日本人日常中說的「Pan」，據說其由來是一五四三年將麵包和步槍一起傳入日本種子島的葡萄牙人所說的「Pão」。而英語的「Bread」則是一八五三年美國培里提督率領黑船進入浦賀港後傳入的。而本來中世紀以來以歐洲為中心發展出的各國麵包文化，追溯其語源似乎就可分成「Pan」跟「Bread」兩派。

「Pan」是來自拉丁語的「Panis」，原本指的是所有的食物，但時代轉變後變成了麵包的意思。使用「Pan」這派的國家有西班牙語的「Pan」、法語的「Pain」、及義大利文的「Pane」等。

另一方面，「Bread」似乎是來自日爾曼語的釀造「brauen」，因爲跟酒精發酵有關而叫做「Bread」。「Bread」派的國家則有德語的「Brot」、荷蘭語的「brood」、丹麥語的「brod」等。

而日本則是比較習慣傳入日本歷史較久的葡萄牙語「Pan」，所以一般是使用這個稱呼，包括：紅豆麵包、奶油麵包、法國麵包及土司等，「Pan」可以說是日文中麵包的總稱了吧。

麵包的分類

麵包業界中經常聽到「瘦（lean）」或「胖（rich）」，以及「硬式」、「軟式」等麵包分類的詞彙，要用一句話來說明的話，「瘦」和「胖」的差別在於麵包原料種類的多寡及配方的調整，而「硬式」、「軟式」是來形容麵包口感軟硬的形容詞。以下就來進行個別解說吧。

瘦麵包和胖麵包

「lean」直譯的話就是「不含油脂」或「瘦」的意思，也就是在麵包製作過程中使用的原料簡單、樸實的意思。具體來說，就是以小麥粉、水、酵母、鹽等基本材料爲主的麵包。代表例子是長棍麵包、小麵包等一般被稱爲法式麵包的類型。

「rich」直譯起來是「富裕」或「豐富」的意思，也就是在製作麵包時使用的材料種類及量比較豐富的意思。具體來說，就是除了基本材料外還用了許多糖、油脂、蛋、乳製品等副原料的麵包。代表例子如日本的各種甜麵包（菓子パン）或法國的布莉歐等。

硬式麵包及軟式麵包

雖然「hard」如字面上意思就是硬的麵包，但這裡指的「硬」其實應該說是有嚼勁的一般瘦麵包。代表例子想當然地有法國麵包、酸酵母麵包等。相反地，「soft」雖是指柔軟的麵包，但一般口感柔軟的麵包都是胖麵包，代表例子如甜麵包、甜甜圈等。

此外，一般來說硬&瘦和軟&胖都是有所關聯的，因此在分類上位於光譜的兩端。

麵包是綜合營養食品!?

來調查一下早餐組合中常見的咖啡和土司、奶油的營養價值吧。一條切成六片的土司，一片大約是一百七十大卡，如果塗上四公克的奶油約三十大卡熱量，土司跟奶油的熱量就合計約有二百大卡了。然後黑咖啡一杯（一百六十毫升）約六點四大卡，加砂糖及奶精的話就請再追加五十四點四大卡的熱量。所以土司一片和咖啡一杯的熱量大約是二百一十到二百六十大卡，提供活動所需的熱量還算過得去。營養方面碳水化合物占了壓倒性比例，接下來是脂質及蛋白質，土司含有一些維生素A中的β-胡蘿蔔素、微量維生素E，維生素C及D雖然完全沒有，但均衡分布維生素B群的1、2、6、12；另外，也含有多種礦物質，特別是小麥粉和鹽中含有豐富的鈉、鈣、鉀、鎂；也含有豐富的可溶性及非水溶性膳食纖維，整體來說，土司的維生素種類雖然多少有點偏，但要說是「綜合性營養食品」也沒問題吧（表1—2）。

說到麵包的營養，世界上首位開始注意並改良麵包及全麥麵粉營養的人是美國的學者，他所開發出來的麵包被稱爲「格雷厄姆（Graham）博士的全麥麵包」。最近麵包店或超市的麵包區裡大多會有的、摻入全麥麵粉的土司或麵包捲，就是「格雷厄姆博士的全麥麵包」。

希爾維斯特．格雷厄姆（Sylvester Graham）是主要活躍於一八三〇至四〇年代的營養學及健康飲食的研究者，他提倡麵包或薄脆餅乾應該使用含有糠及胚芽的全麥麵粉（Whole Wheat Flour），而非只含有胚乳部分的白麵粉，因而以此聞名。從他在一八三七年發表論文以來，全麥麵粉的英文就是Graham粉，而用全麥麵粉做的麵包或餅乾，也就因為博士的名字而被命名為Graham麵包、Graham餅乾。那麼，接下來我們就針對「小麥粉跟全麥麵粉的營養價值有什麼不同」來進行解說。

首先是關於膳食纖維，由於全麥麵粉含有小麥的糠，因此比小麥粉多出四倍的膳食纖維，有改善腸道環境的作用。

再來就是小麥的外殼內側及胚乳外側存在的「糊粉層」，裡面含有許多蛋白質及脂質，所以營養價值多少有所提升。胚芽部分含有鐵質、維他命B、E群及較多的礦物質，因此在調整身體機能方面有其作用（圖1－3）。

順帶一提，過去常聽到「等級愈低的粉，營養價值就愈高」這種說法，所謂「等級低的粉」，就是因為製粉時覺得浪費，儘量不削除太多小麥外殼部分（外皮）而製作出

食品名	營養成分標準	一般成分								備註
		熱量（kcal）	水分（g）	蛋白質（g）	脂質（g）	碳水化合物（g）	膳食纖維總量（g）	礦物質（g）	相對食鹽量（g）	
土司（六片切）	每100g	258.0	38	9.0	4.0	46.4	2.3	1.6	1.3	
	1片（66g）	170.0	25.1	5.9	2.6	30.6	1.5	1.05	0.85	
全粒粉土司（六片切）	每100g	254.1		8.5	4.6	41.8	5.4		0.98	
	1片（61g）	155.0		5.2	2.8	25.5	3.3		0.6	
奶油捲	每100g	325.0	30.7	7.9	9.6	51.8	2.0	1.6	1.1	
	1個（28g）	91.0	8.6	2.2	2.7	14.5	0.56	0.45	0.3	
葡萄乾麵包捲	每100g	321.9		7.2	8.1	55			0.84	
	1個（32g）	103.0		2.3	2.6	17.6			0.27	
法國麵包	每100g	272.7	30.0	10.2	1.9	53.7	2.7	1.8	1.6	
	1個（238g）	649.0	71.4	24.3	4.5	127.8	6.4	4.3	3.8	
牛角麵包	每100g	328.0	20.0	9.0	29.7	56.1	1.8	1.4	1.2	
	1個（33g）	108.2	6.6	3.0	9.8	18.5	0.6	0.5	0.4	
咖哩麵包	每100g	328.2	41.3	6.2	19.8	31.3	1.6	1.5	1.2	麵包69
	1個（117g）	384.0	48.3	7.3	23.2	36.6	1.9	1.8	1.4	餡31
紅豆麵包	每100g	263.0	35.5	7.0	2.9	52.3	2.7	1.1	0.7	麵包10
	1個（144g）	378.7	51.1	10.1	4.2	75.3	3.9	1.6	1.01	餡7
迷你紅豆麵包（薄皮）	每100g	265.0	37.4	6.5	2.0	55.4	4.9	0.7	0.4	麵包22
	1個（46g）	121.9	17.2	3.0	0.9	25.5	2.3	0.32	0.18	餡78
菠蘿麵包	每100g	368.0	20.9	9.1	10.6	59.0	1.7	0.8	0.5	
	1個（110g）	404.8	23	10.0	11.7	64.9	1.87	0.88	0.55	
奶油麵包	每100g	289.0	36.0	8.1	9.1	43.6	1.2	1.4	0.9	麵包5
	1個（100g）	289.0	36.0	8.1	9.1	43.6	1.2	1.4	0.9	奶油3
英式瑪芬	每100g	230.0	46.0	7.8	1.35	46.1	1.2	1.5	1.2	
	1個（66g）	151.8	30.4	5.2	0.9	30.4	0.8	1.0	0.8	

表 1-2　麵包成分表

來源：「日本食品標準成分表」2015年版（七版）

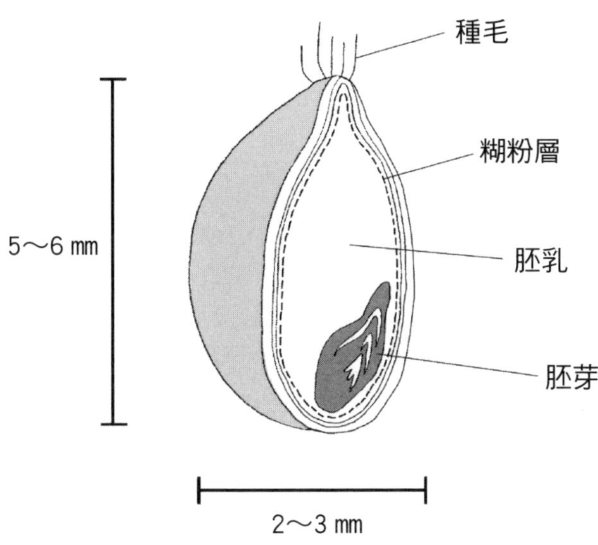

圖 1-3　小麥的糊粉層

的粉。因爲外殼部分有蛋白質、礦物質、維他命等豐富的營養，推測應該是因爲這樣，才有「等級愈低的粉營養價值愈高」一說。另一方面，上等的小麥粉會只使用種子中心的白色胚乳來製粉，所以會以上等的蛋白質及澱粉爲主，而「綜合性的營養價值比較低」。

回到方才的話題，簡單下個結論的話，就是全麥麵包和全麥餅乾做爲營養食品來說是相當優秀的，但問題在於添加量。如果單論營養及健康，那就用百分之百的全麥麵粉來製作麵包、餅乾就好，但這樣烤出來的麵包會是又硬又乾、帶有草味的麵包。日本一般市面上的全麥麵包，大多是小麥粉與全麥麵粉比例大致爲八比二的混合麵包，這種比例是同時追求美味及易食性而得到的結果。雖然適度添加全麥麵粉，可以成爲香氣及嚼勁的來源，但全麥麵粉的比例愈高，香味和口感就會變得愈差。另外，全麥麵粉也比較難形成麩質，所以需要高度的加工技術。

麵包和飯，哪一種消化比較快？

以前日本人（尤其是男性）很常說「吃麵包很快就餓了！」這並不完全是錯覺，大部分麵包消化的速度比飯來得快，所以也會感覺肚子很快就空了。用一句話簡潔地解釋原因的話，那就是麵包跟飯的組織構造有所不同。

烘烤完成的麵包有兩個部分，分別是海綿狀的柔軟「麵包芯」部分，還有外側有點硬度及烤麵包色的「麵包皮」部分。

進到胃裡的麵包，麵包芯會一下子吸收胃酸或消化液而膨脹（圖1－4）。之後，透過胃的收縮活動，膨脹的麵包芯瞬間就會崩解而被消化掉，大概兩小時左右就會變成稠稠的糊狀。所以吃麵包的飽足感會來得很快，而空腹感也會較早降臨。

圖 1-4　麵包芯在胃中膨脹

另一方面，煮好的飯會形成完全的橢圓形粒狀，進到胃裡後，飯會從飯粒的表面開始漸漸被消化，所以吃完兩小時後，還是會殘留著米粒的形狀，要變成稠稠的糊狀需要三個小時以上。所以飯粒同時擁有作爲顆粒狀一口氣進入胃中帶來的飽足感，還有因消化時間較長而能撐得比較久的感覺。

接下來，我們簡單說明一下爲什麼兩者的組織構造會有所不同。麵包是使用小麥粉的粉體加工食品，並以包含了酵母的小麥粉爲主，混合各種材料製作出麵團。其次在發酵過程中，包含大量水分的麵團會產生氣泡，裡面則充滿大量的二氧化碳氣體。最後發酵完的麵團會進行烘烤，使多餘的水分蒸發，澱粉及蛋白質則因爲熱凝固而形成富有彈性的海綿狀麵包芯。

另一方面，作成精白米的粳米透過簡單的水洗就能除去米糠，是一種經過短暫浸漬後蒸煮的粒食加工食品。煮完後米粒也是以一粒粒的固體形式存在，因而被歸類爲穀粒加工食品。

順帶一提，許多女性都問：「麵包和飯哪種比較利於減肥？」筆者一直都只能固定回答「嗯……應該是看吃的方式吧。」要講到進食，當然不可能無視食物和飲料、配菜的關聯。因此，我認爲應該加上這些和前述的「麵包和飯的飽足感有所不同」及「麵包和飯可以撐住的時間」的影響力來一起考慮。因麵包和飯獲得的飽足感不同，所以有飽足感的必須攝取量也會各自產生變化，很難加以比較。

這裡我們使用表１－２來計算並比較單純吃下同樣份量的麵包和飯，會得到的熱量（大卡）。

市售平均六片一袋的土司，一片大約重六十六公克。所以一百公克大約就是一片半的六片裝土司，其熱量爲二百五十八大卡／一百公克。

另一方面，將粳米製成精白米再炊成飯的話，熱量是一百六十八大卡／一百公克。

一百公克的飯差不多就是用小碗盛裝的簡單一餐份程度。一般來說，市售可在微波爐加熱的熟食白飯，差不多是三百三十六大卡／二百公克（一人份），所以一百公克剛好是一半的份量。

如果吃了等量的麵包跟飯的話，土司會比較有份量感，而飯則明顯地比較適合減肥。要細究原因的話，是因爲麵包是穀粉加工食品，因此除了小麥粉以外還含有醣類、油脂、乳製品等，使得熱量（大卡）也跟著變高。相反地，飯只使用米跟水來蒸煮，所以就只含有米粒的熱量。順帶一提，一百公克的白米飯含有四十七公克的精白米。

2

麵包的科學史

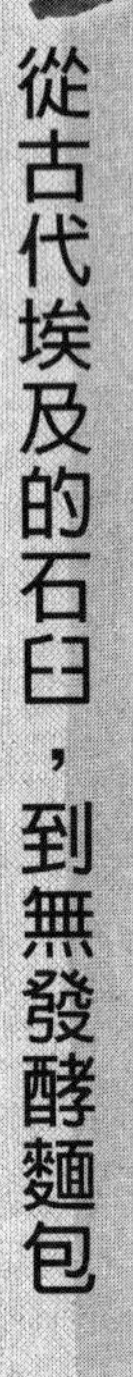

從古代埃及的石臼，到無發酵麵包

古埃及的陪葬品中，有發現「磨粉的女人」的塑像，而塑像女性所使用的器具就是鞍型石磨（saddle quern）。「saddle」指的是鞍，「quern」是磨。而「saddle quern」發明的時間點，一般認爲是約西元前三千年左右的古埃及。

被用來磨成粉的原料是大麥跟小麥的穀粒，大麥的生穀粒就直接初步碾磨後當作粥或麵包的原料，而小麥則會先打溼外殼，並儘量去除糠（外殼）和胚芽的部分，製成粉作成麵包的原料。以小麥來說，埃及人會將小麥粒灑在鞍型、平面的下磨石上，再用兩手持著上磨石並利用體重前後來回加壓，將麥粒碾碎。這種石臼的特徵是下磨石的前面這端會稍微高一點，因爲有傾斜度，所以從前面往對側推動上磨石會比較輕鬆。另外，這種石磨的設計會在對側有點凹陷，使得因溼氣而變得比較容易剝離的麥粒在被碾碎後，小麥的胚乳部分會堆積在淺洞中，而外皮（麥糠）的部分會殘留在下磨石的前端。鞍型石磨磨好的粗粉去掉麥糠後，就可以得到篩選過的細緻白色粉末，這就是人類製粉的開始。而這些粉末成爲上等白麵包的原料，人類也因此正式迎來粉食文化的黎明（圖

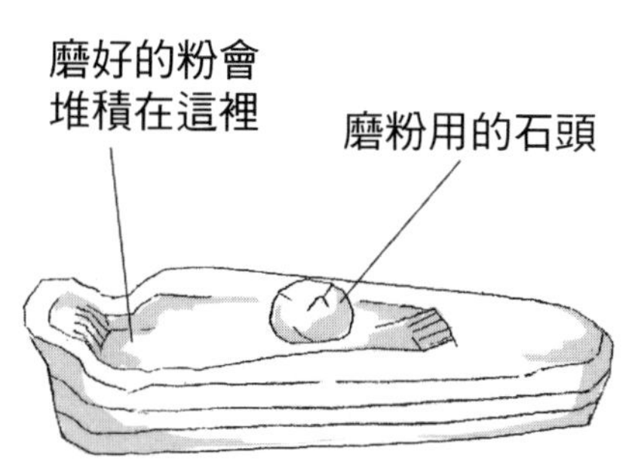

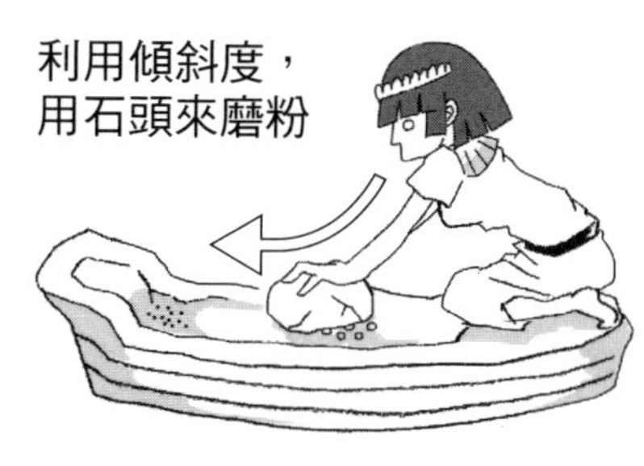

圖 2-1　古埃及時代的鞍型石磨

2—1）。

如果讀過舊約聖經的話，就會發現在《出埃及記》中「無發酵麵包」（即沒有使用酵母菌的麵包）和「上等小麥粉烤成的麵包」頻繁出現。

舊約聖經是由西元前一千年～西元前六百年左右的希伯來人（猶太人）所記錄而成。舊約聖經的《出埃及記》所說的是預言者摩西在西元前一二八〇年左右，將當時是奴隸的希伯來人帶出埃及王國「離開埃及」的故事。摩西在某天早上帶著希伯來人渡過紅海，在西奈半島上陸。而摩西首先進入西奈山，在那裡聽取雅威神的契約（一般以「十誡」而為人所知），並與希伯來人一起在迦南（現巴勒斯坦地區）住了下來。由於國王為雅威神，因此沒有推舉人類國王，以以色列民族的身分邁向繁榮的故事。

《出埃及記》中再三訓誡「務必要吃未加入種的麵包」「不能吃加了種的麵包」，為什麼他們不能吃「加入種的麵包」，只能吃無發酵麵包呢？為什麼到了現代也還是主要食用無發酵麵包呢？那是因為他們對於「無發酵麵包」有所信奉的紀律及宗教上的倫理觀。以下則為作者的推測：

《出埃及記》時期的埃及，似乎以使用加入發酵種的小麥粉烤出大型且扎實、帶有震撼感的麵包為主。當時作為奴隸被迫害的希伯來人或許是對可說是埃及文化象徵的啤酒及麵包有心理上的反感，所以才視為自身文化的禁忌也說不定。

另外，也有可能只是出於物理上的原因，因當時要長途旅行的話是不可能準備天然酵母（麵包種）的，或許因而產生出「麵包酵母」無用的論點也說不定。

當時要分辨食物的發酵跟腐敗還不是很容易，放了酵母後，兩者的形狀跟氣味只有些微差別。前者是對人體有益的酵母，並可以加工食品；而後者卻是會造成生病的有害、不乾淨的東西。當時受迫害的希伯來人，在埃及沒有辦法吃到埃及人天天在吃的麵包，或許是因為對於酵母的了解很缺乏，因此將酵母當成不乾淨的東西也說不定。

以上都是作者的推論，但先不論宗教觀或倫理觀，在這數千年的人類飲食生活中，「發酵」及「腐敗」可說一直都是相互對立的永遠課題。用科學的方式來說明的話，就是某些種類的微生物會自己在培養基（食材）上增殖，結果產生出對人類有益的成分，或者是微生物本身就對人類有益的話，這就稱為「發酵」；而相對地，如果製造出對人類有害的有毒成分，或是微生物本身對人類來說有害，那就稱為「腐敗」。

古代東方不變的石臼及幾何學圖案

現在仍在使用的石臼，大約是在西元前六百～五百年間的古代東方被發明出來的。這個石磨被稱為「rotary querns」，可旋轉的上盤附了可取下的把手，下盤則固定，並從上下間的供給口倒入麥粒之類的再磨成粉。這些臼會有一些從中央延伸到外側很深也很粗的溝（主齒槽），以及連接主溝跟主溝的細淺溝（副齒槽）。溝為直線的就稱為直線齒槽，曲線的稱為曲線齒槽，現在用來磨小麥粉或蕎麥粉的石磨主要有兩種，一是直線齒槽的石磨，可再依齒槽分區，分為六區六溝或八區六溝；另一種是從中央向外刻出放射狀齒槽的曲線齒槽石磨。這些石磨經過二千年以上，至今幾乎沒有再進一步的改

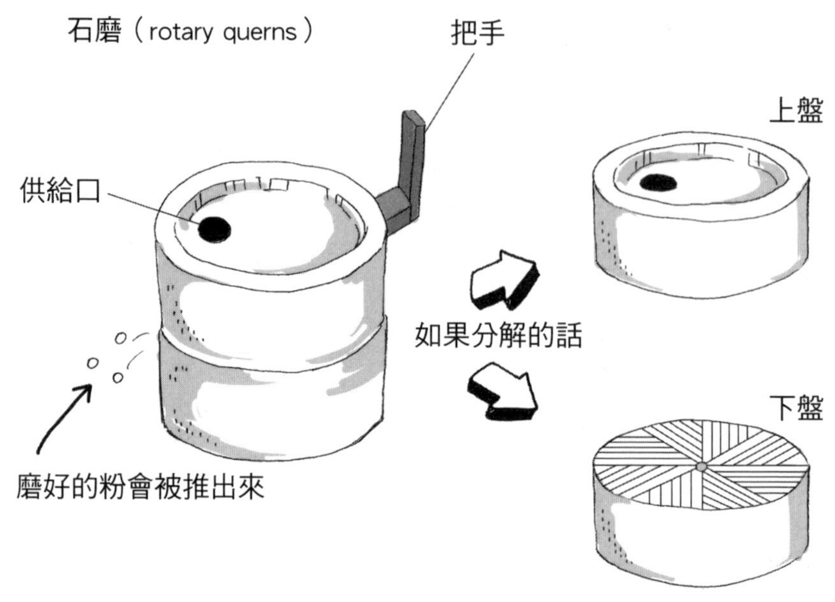

圖 2-2　古代東方的石磨（rotary querns）

良，這應該可以說明這些器具的完成度已經相當高了（圖2—2）。

而這些石磨也有共通點，有著以下特徵：

①只有上盤可旋轉。

②上盤旋轉的方向必是逆時針。

③直線齒槽的石磨，上盤溝的面和下盤溝的面會重疊，並可因此產生出很多鑽石型的溝槽。

④接近外側的溝會被刻得比較淺，使得外側的粉可以再被碾得更細。

在土耳其邊境發現了超過二千

年以上的石磨（rotary querns），齒槽分區為八區六條溝。但為什麼會是逆時針方向呢？為何是八等分六條溝的幾何學圖案呢？這些至今都還成謎。

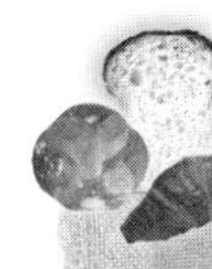

發酵原理之母

接下來將時代一口氣往前推進到十七世紀，荷蘭出生的學者安東尼・范・雷文霍克（Antonie van Leeuwenhoek，1632～1723）發明了顯微鏡，對人類了解微生物有很大的貢獻，因而被稱為微生物學之父。他用自己製作的顯微鏡觀察了各種微生物，讓社會大眾知道許多微生物的存在，他也在釀造中的啤酒裡發現了球狀和橢圓球狀的酵母。

時代再往前推進，出現的是巴斯德（Pasteur，1822～1895），如果雷文霍克被稱為微生物學之父，則這位法國出生的細菌學者就可說是發酵原理之母。他是活躍於化學、細菌學、發酵學及醫學等非常多樣化領域的科學家，並在各種領域都留下了值得一提的貢獻，特別是他解開了酵母的酒精發酵機制在啤酒或葡萄酒釀造中如何運作，成為所有發酵飲料、食品的基礎。

$$C_6H_{12}O_6\text{（葡萄糖）}$$

$$\rightarrow 2CO_2\text{（二氧化碳）}+ 2C_2H_5OH\text{（乙醇）}$$

$$+\text{能量}$$

圖 2-3　葡萄糖的分解

巴斯德證明了活著的微生物會在無氧狀態下，將葡萄糖分解為二氧化碳及乙醇。另外，在密閉狀態下使得二氧化碳融於水中，壓力也會因此增加，而這便成了液體發泡性的來源（圖2－3）。

不用多說想必讀者們也可以理解，這個化學式在十九世紀後半時，對於發現麵包用酵母及其發酵機制的過程中，所扮演的角色可是非常重要的。實際上，法國一八九〇年代就開始量產生酵母。其他像防止啤酒及葡萄酒、還有牛奶腐敗的低溫殺菌法（巴斯德消毒法，Pasteurization）的實驗也成功了。現在英文中以他的名字來命名的「Pasteurisation」，指的就是現在被實際應用在牛奶等飲料上，用六十五度C的溫度加熱三十分鐘的殺菌法。

巴斯德正可說是近代微生物學的開山始祖，在發明狂犬病疫苗後，一八八八年從世界各國受到許多資助，因而在法國設立了巴斯德研究院。現在，巴斯德研究院也繼承了巴斯德的遺志，作為公益性質的民間研究機構而在廣泛的領域活動。

弗萊希曼公司和樂斯福公司的酵母

用於麵包發酵過程中的代表性商業酵母，開始生產的近代化、量產化分界點爲一八六八年。美國的弗萊希曼兄弟（Fleischmann）和匈牙利移民的查爾斯及馬克西米利安一起在美國俄亥俄州設立了弗萊希曼公司。現在我們所說的生酵母，從此開始進行工業化量產。

持續成長的弗萊希曼公司一九〇〇年在紐約州設立了大型研究所，開始正式進行酵母的研究及開發。當時的酵母製法是先在大型筒狀的槽中注入很多水，再添加數毫升的酵母菌株進去，使用的酵母菌株是釀酒酵母（Saccharomyces cerevisiae），也是麵包用酵母的一大代表。而其中主要作爲營養來源的醣類是葡萄糖、果糖，還有氮、磷來源的銨離子，又或磷酸銨等。也加入了少量的其它成分，例如添加紅甘蔗或甜菜製的糖蜜作爲維他命來源，還有添加鈣、鎂作爲礦物質來源等。加入適當的營養後，一面在液體中注入充分的氧，在適溫下加以攪拌二十四～四十八小時，就會得到稠稠的酵母糊。將這個「糊」脫水濃縮後，就會變成生酵母。

當時開發的這些生酵母，跟過去的天然酵母相比，活著的細胞數可是多上許多，結果麵團的發酵程度、二氧化碳產生量也都變成數倍。麵包製程所需時間大幅縮短，讓美國的麵包產業邁向近代化，在全美國掀起了麵包熱。

接著，弗萊希曼公司在第二次世界大戰期間開發了乾酵母。根據作者推測，這跟改良麵包的作法一樣，都是爲了戰爭補給線需求而開發讓酵母活性跟保存性都更高的產品。生酵母在冰箱裡保存二至四週就會劣化失去活性，因此冰箱對於保存生酵母是不可或缺的。從這點可輕鬆推知，生酵母在移動跟運送方面會對軍隊造成負擔。而實際上，美國軍用的烘焙坊在第一次世界大戰期間，就已經使用了用生酵母簡單進行乾燥後的乾酵母，好像當時地方上也已存在幾個小規模的加工廠。那麼，要說到元祖的乾酵母，其製造原理很簡單，將脫水後的生酵母放在圓筒中旋轉並進行乾燥，進行篩選後做成粒狀。乾酵母如果好好裝入袋中保存，可以常溫保存半年到一年，對軍中烘焙坊來說是很方便的酵母。

雖然一九〇〇年以來的全世界烘焙坊多半都改用生酵母，但一九八四年弗萊希曼公司製造出了即溶乾酵母。這是將脫水前的生酵母糊加以冷凍乾燥所製造出來的，顆粒狀保存性高，而且比起生酵母或乾酵母的菌數也更多，特徵是活性大。製作麵包變得

圖 2-4　酵母的形狀

簡單，對麵包的品質提升也有幫助，迄今仍有許多烘焙坊在使用（圖2－4）。

另一方面我們來看看歐洲的情況，將時間點稍微往回推，十九世紀時微生物領域有兩名活躍的法國人，路易．樂斯福（Louis Lesaffre）和路易．邦迪埃勒（Louis Bonduelle），他們是朋友亦是拍檔，一八五三年在法國北部設立了樂斯福公司（Lesaffre）的酒精蒸餾所。除了這兩位路易，一八六〇年又加入了「第三位路易」（就是前面提到的路易．巴斯德），他分析出酵母發酵的原理，而兩位路易以此作為契機，開始培養酵母。一八七三年成功製造出麵包用酵母後，一八九五年印有燕子圖案（樂斯福公司的品牌圖案）的生酵母開始量產。接著，一九四四年開發出乾酵母，並在一九四七年成功量產。

他們比美國弗萊希曼公司早一些，在一九七二年也成功開發出了即溶乾酵母，從歐洲開始輸出到北非及亞洲各國。今天該公司成為了一大國際企業，在酵母市場上則是全球市占率最高的。

誕生於法國的樂斯福公司及誕生於美國的弗萊希曼公司，幾乎在同時成功開發出麵包用酵母，後來也在酵母製造領域中作為領頭羊。樂斯福公司是在全世界都有市占率的企業，而弗萊希曼公司則以北美為中心，在環太平洋各國擁有市場，兩間公司互為競敵持續成長，稱這兩間公司是瓜分全世界麵包用酵母供給市場的雙璧，也不為過吧！

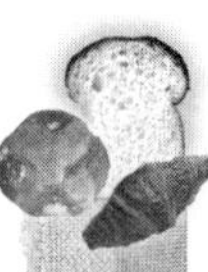

加速麵包製程開發的「戰爭」

簡單地說，世界各國的麵包製程，其麵包種類及加工法可說是天差地遠。現今在日本和全球加工及販賣的麵包，可說是有幾百、幾千種。現代日本的麵包製造科學及加工技術，放眼全球也是相當出色，使得提供低廉且高品質的麵包變得可能，量販店和超商中賣的麵包就是代表例子。對此有巨大貢獻的，是擁有合理化、機械化麵包生產線的大型麵包廠商。

作爲生產線基礎的，是第二次世界大戰後從美國導入的麵包科學及加工技術，例如現在主流的兩大麵包製法：直接法和中種法。而日本的烘焙界也從此有了飛躍性的成長。

令人驚訝的是，其實一百年前美國陸軍就已經發表兩大麵包製法了。當時美軍作爲第一次世界大戰聯合國的一員，必須參與歐洲戰線，因此在一九一七年開始準備「移動式烘焙坊」，而準備工作的一環就是開發軍方的麵包製程及兵糧用麵包，並且撰寫設置移動式野戰烘焙坊的指導手冊。手冊內容相當豐富，網羅了所有現今麵包科學及技術的基礎，以實用書而言完成度非常高。

這本手冊的時代背景如同前述，弗萊希曼公司開發出菌株數高如天文數字般的高密度工業用酵母，讓麵包製作所需的整體工時戲劇性地減少。其後於戰爭期間，全美的烘焙業界跟工業一起急遽成長，而軍方烘焙坊用的指導手冊，後來也對美國烘焙界的發展有所貢獻，說是應該被高度評價的珍貴文獻也不爲過吧。

3

從科學角度談麵包材料

——四名主角與四名配角

本章將會解說麵包的原料。就算有人想用簡單一句話說明麵包原料，因爲有許多麵包種類，而其各自適合使用的材料也有所不同，要網羅所有材料實在相當困難。如第一章時所說的，麵包可分爲無發酵麵包和發酵麵包兩大類，另外，雖然麵包大多是以小麥作爲原料，但也有用玉米或大麥等穀物做的麵包。在此，我們就先以最基本的麵包，也就是使用小麥和酵母來發酵的麵包作爲前提繼續討論。

麵包材料中可分爲必要材料，以及雖不必要，但添加會比較好的材料，前者是麵包製作的基本原料，用角色來比喻就是「主角」，而後者就是讓麵包更富風味的副原料，也就是「配角」。

作爲主角的基本原料是小麥粉、酵母（yeast）、鹽、水等四種，配角的副原料則有醣類、油脂、蛋、乳製品等。以下就依序介紹各個材料：

四個主角

①小麥粉的科學

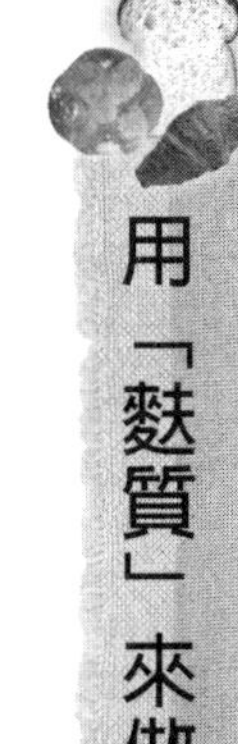

用「麩質」來做出麵包的骨幹

小麥粉中含有各種營養素，但主成分是蛋白質及炭水化合物（澱粉）。首先就從蛋白質開始談起吧。

將小麥粉跟水一起揉合後，就會漸漸變成有彈性的麵團。像這樣用物理外力（攪拌、揉合、拍打等）讓小麥蛋白質吸收水，就會形成一種被稱為麩質的混合物。簡單說明的話，這些麩質會形成麵包麵團及最終烤出的麵包的骨幹。以建築物來比喻的話，可以說是作為麵包基礎的梁柱吧，第一章時也曾簡單提到一些，這裡就再進一步詳細說明麩質這種東西。

小麥粉中大約含有百分之六至十五左右，四種種類的蛋白質（白蛋白、球蛋白、麥膠蛋白、麥蛋白），其中含有的麥蛋白和麥膠蛋白差不多等量，占了小麥蛋白質中的百分之八十以上。麥蛋白和麥膠蛋白與水結合並反覆交織後，就會變成具有立體網狀構造、有彈性跟黏性的麩質組織。麥蛋白具有彈性但缺乏延展性，而麥膠蛋白沒有彈性卻富有黏性跟延展性，因此這兩者共同形成的麩質，兼具了彈性跟黏度（圖3－1）。

麩質透過許多不同種的化學鍵，形成複雜的構造。所謂的化學鍵有很多類型，有電負性強的部分受氫吸引而形成的氫鍵，還有像麩質所含的胺基酸之一：半胱胺酸分子中，連結SH基的雙硫鍵等。

麩質的一級結構，是有五百至一千個的數種胺基酸規則地進行排列，二級結構主要是透過氫鍵結合並扭曲，形成被稱為「麩質helix」的螺旋狀。讓這結構愈發複雜的，是擁有「手臂」——SH基的含硫胺基酸（麩質中所具有的是半胱胺酸）。麥膠蛋白中所含有的半胱胺酸，在麩質中間隔一定距離分布，而這些半胱胺酸透過氧化形成「雙硫鍵」（S—S鍵），變成叫做「胱胺酸」的化合物，並在麩質間形成橋梁。這個橋梁將麩質扭曲並變成捲曲螺旋狀，使得麩質結構更加強化。麵團發酵時促進氧化的話，雙硫鍵也會增加（圖3—2、圖3—3），而這些麩質不斷重合後，麵團就會形成密度非常高的網狀三級結構。再更進一步互相產生反應，並透過不斷地疊合，交錯成立體的四級結構。

富有彈性跟延展性的麩質結構，可以將麵團發酵過程中，酵母生成的二氧化碳留在麵團的氣泡裡。麵團一旦被加熱，氣泡中的二氧化碳就會膨脹，跟新產生的水蒸氣一起讓麵團膨脹起來。而再進一步加熱的話，麩質會因為熱凝固，而烤好的麵包體也會因而

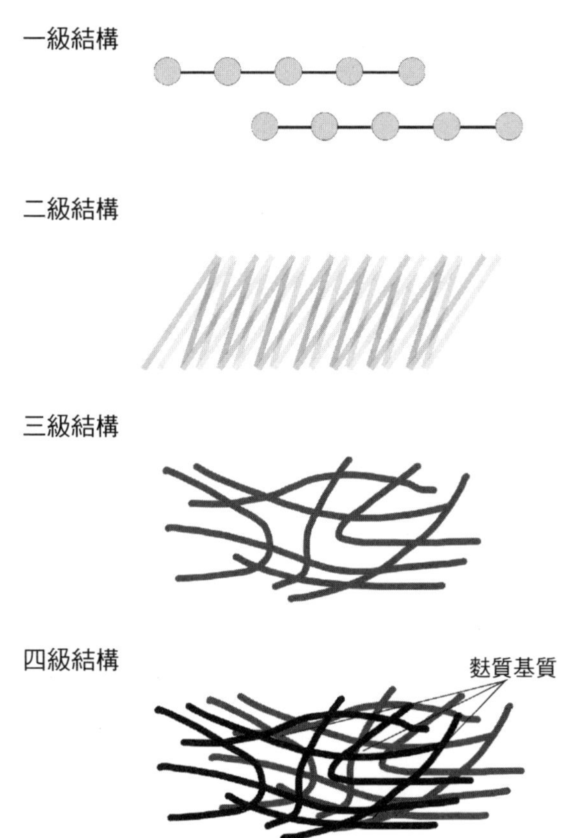

圖 3-1　麩質的網狀結構

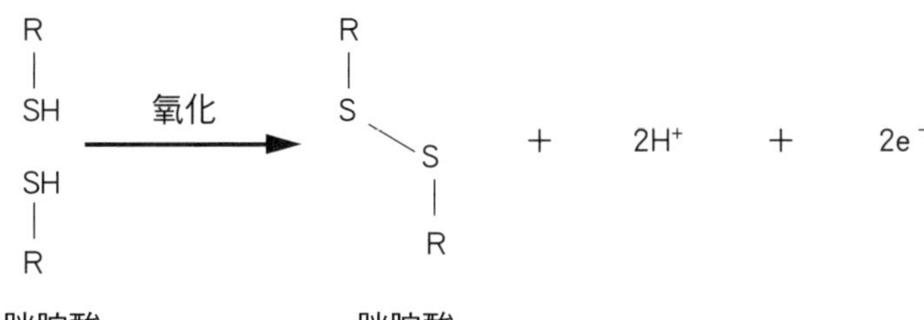

R：麩質中的半胱胺酸（含硫胺基酸）

圖 3-2　將麩質構造變複雜的 S-S 鍵

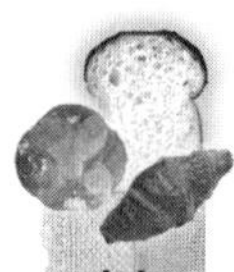

保有具彈性的海棉構造。也就是說，麩質不論是還在麵團階段，或是烤好的麵包中，都是作爲麵包骨幹發揮重要功能的角色。

來自麥膠蛋白

同一分子內的 S-S 鍵

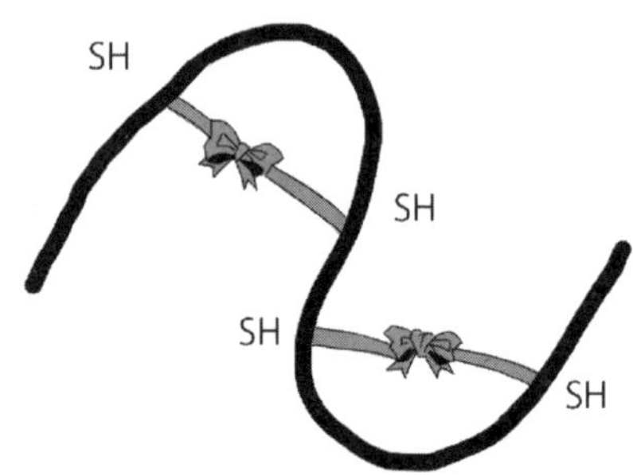

來自麥蛋白

和其它分子的 S-S 鍵

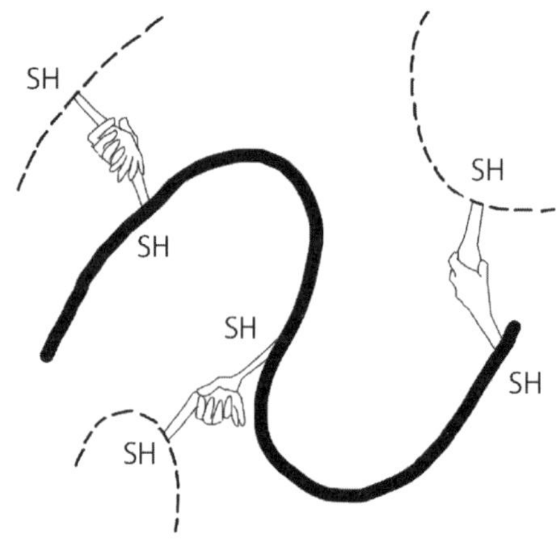

圖 3-3　麩質透過 S-S 鍵產生變化的模擬圖

雖然前面已經有說，麩質中的麥膠蛋白富有黏性跟延展性，麥蛋白則有彈性，但這裡要針對麩質的彈性及延展性進行更詳細的說明。

透過攪拌完成的麩質，會變成具有三級、四級結構的肽（胺基酸透過肽鍵形成的高分子）集合體，並具有緊密的捲曲螺旋結構。所謂的肽鍵是透過胺基酸結合，就是胺基（$-NH_2$）和羧基（-COOH）脫水後才形成的化學鍵（圖3－4）。請試著想像麩質變成捲曲螺旋狀後，像彈簧一樣緊繃，彈簧可以對單一方向的張力跟壓力形成相反方向的抗力，並具有很高的還原能力，而把彈簧替換成麩質的話，就能想像出具有彈性的麩質「鏈」。只是經過時間及溫度的變化，麩質鏈也會跟著鬆弛（圖3－5），而這稱爲麩質的鬆弛（relaxation），與彈性減少相反，延展性反而會增加。

如果對鬆弛的麩質再度施加物理性的力量（搓揉或拍打），麩質的彈性還會再度恢復。在麩質完全疲乏失去彈性前，可以不斷反覆在緊繃和弛緩狀態間進行轉換。實際上，製作麵包時也會利用這個彈性緊繃和弛緩的性質，關於麵團中麩質的運作，就留到第五章來進行解說吧。

麩質中所含的小麥蛋白質：麥蛋白和麥膠蛋白的性質差異，使得它們擁有各自不同的化學構造。

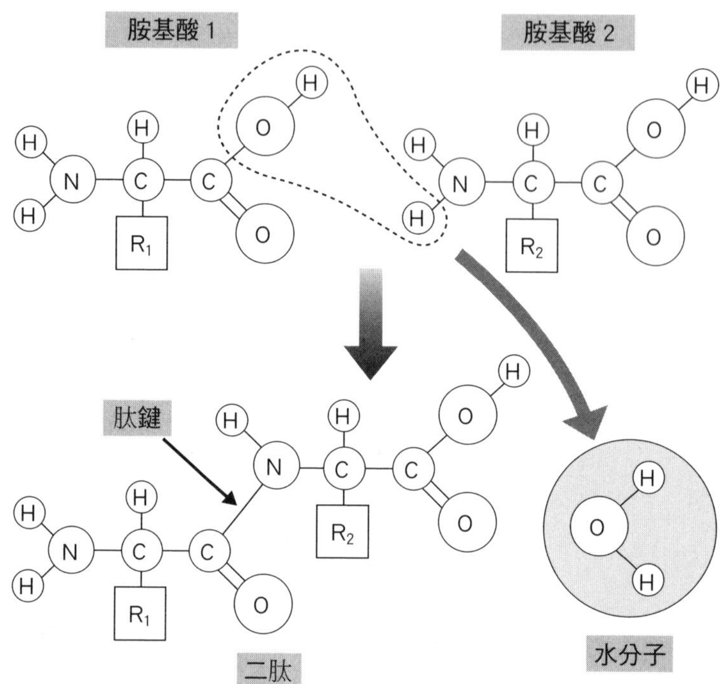

圖 3-4　胺基酸及肽鍵

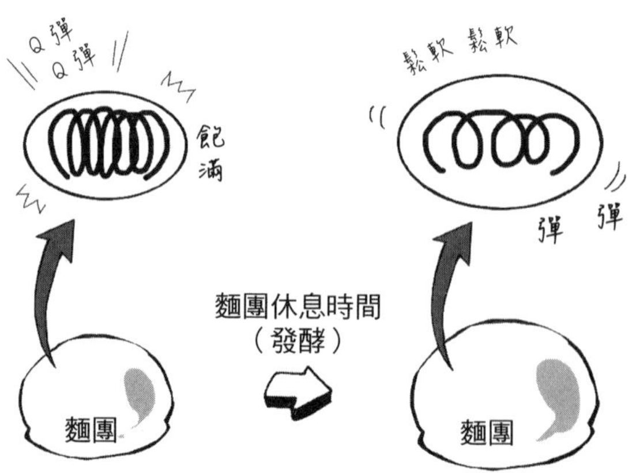

圖 3-5　麩質的緊繃及鬆弛

麥蛋白和其它的麥蛋白分子，透過雙硫鍵與相同分子接連結合，變成巨大的聚合物（高分子化合物）。麥蛋白的聚合物隨著麥蛋白分子數不斷增加，其性質也會更加強化，因此麥蛋白的彈性也會更強。

但相對地，麥膠蛋白是不斷折疊一根肽鏈形成塊狀，本身是各自獨立存在的。因爲是單一分子的集合體，所以具有相當柔軟可以拉長的性質。如果將麥膠蛋白黏在棒子一端去拉扯的話，就會被拉長成細線狀，這稱爲麥膠蛋白的延展性，它在麩質中也完全發揮了此一特性。接下來，還會更進一步地說明麥膠蛋白和澱粉的關係，因爲麥膠蛋白也同時具有黏答答的黏性，所以可以把麩質黏在一起，或是黏住麩質和周邊的澱粉或其它原料的粒子、分子。而作爲麵包骨幹的麩質和麩質之間，也因此可以形成澱粉做的「牆壁」，所以麥膠蛋白在麵團中也扮演了接著劑的作用。

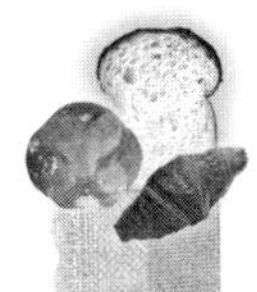

「澱粉」與葡萄糖

如果麩質是麵包的骨幹，那澱粉就是麵包的「肉」。

麵團中因發酵而形成有黏性、彈性的立體麩質，而其中存在了無數的氣泡，氣泡周圍及麩質間的空隙中，緊緊塞進了生澱粉及其它原料的分子。小麥粉中有百分之七十是生澱粉，並且主要分成了完整澱粉及破損澱粉兩大類，之後會再詳述。

在此，我們先說明澱粉的化學構造吧。

澱粉是由許多的葡萄糖透過糖苷鍵（葡萄糖分子間發生脫水縮合反應，使得單醣及多醣間形成的鍵）而形成的高分子多醣體。也就是由n個葡萄糖連接在一起（n為數百至數千個）的產物。葡萄糖（$C_6H_{12}O_6$）的分子量為12×6＋1×12＋16×6＝180，而假設連結了五百個，澱粉的分子量就會達到約九萬，而五千個就有約九十萬（實際上多醣體大多標記為（$C_6H_{10}O_5$）n，所以這裡只寫「約」）。

另外，稱呼也會因結合的葡萄糖個數有所不同，只有一個分子就叫葡萄糖（單醣類）、兩個為麥芽糖（雙醣體）等，數個結合後為多醣、二十至三十個分子例如糊精等，有許多種類。澱粉是由數十個到數十萬個葡萄糖結合的鏈像毛線球一樣捲成一團而存在，並形成球狀或有點橢圓的球狀（參照接下來的圖3－9）。另外，粒子大小差別也從四至四十㎛都有（微米，千分之一㎜），平均大小約是十㎛左右（圖3－6）。

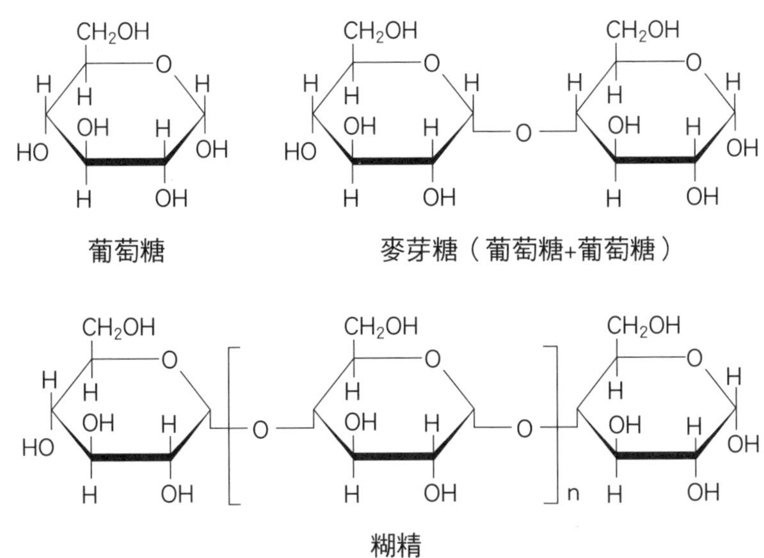

圖 3-6　葡萄糖、麥芽糖、糊精的結構式

用「澱粉」做出麵包體

葡萄糖所結合成的澱粉中，有直鏈澱粉和支鏈澱粉兩種不同的結合方式（參考P67）。我們就先來看看它們怎麼隨著溫度而各自發生變化吧。

我們先簡單說明一下「結合水」和「自由水」的概念。食品中含有的水分，一部分是吸附在其它成分中，這些被吸附在其它成分裡的水就稱爲「結合水」；反之，沒有跟任何分子結合，能自由活動的水分子就是「自由水」。澱粉因整顆很結實，在麵團發酵過程中，不會和麵團裡的自由水發生水合作用，也不會產生變化或變性。

加熱烘烤前的麵團溫度最高也只有三十七至三十八度C，因此麵團中的澱粉要發生顯著變化，是從烘烤麵團開始。放進烤爐後麵團溫度會漸漸上升，伴隨著溫度上升的過程，一部分的澱粉粒會歷經吸水——膨脹——崩解——分散的澱粉糊化現象，最終會跟麩質一起成爲麵包體。

首先，麵團溫度到了五十度C左右時，澱粉粒會開始吸收麵團中的自由水，到了六十度C左右開始膨潤，超過七十度C後已經膨潤得很充分的澱粉粒外膜會鬆弛，而顆粒中的直鏈澱粉就會從其間流出，使得整體黏度突然變得很高，而糊化成凝膠。另外，雖然澱粉粒膨潤的話直鏈澱粉會流出，但支鏈澱粉仍會留在澱粉粒中，讓澱粉粒保持著球或橢圓球的形狀。麵團中的澱粉在八十二至八十三度C左右會迎來糊化作用的最高峰，其後水分會汽化成水蒸氣，而糊化澱粉則變濁而固體化。到了九十七至九十八度，多餘的水分也蒸發後，糊化澱粉就會完全固體化，形成乳白色麵包芯的主要成分（圖3—7）。

在澱粉這樣變形的過程中，糊化作用扮演了重要的角色，也就是作爲凝膠作用後糊化的澱粉的接著劑。

其實麵團中並非所有的澱粉粒都可以糊化，只有一部分澱粉粒會經歷吸水、膨潤、崩解、分散的過程而發生糊化作用。澱粉是個大水桶（water drinker），大半的澱粉爲了糊化都需要澱粉量十倍左右的超大量水，雖然實際上做麵包時不會給小麥粉加那麼多水，但如果實驗澱粉極限的話，會發生什麼事呢——答案是直鏈澱粉會溶於水，連一般情況下不會流出的支鏈澱粉都會流出來，使得澱粉粒完全崩解。而現實中一般麵團的澱粉量比水量大約是一比一左右，對澱粉來說是水分非常缺乏的環境。另外，究竟哪種澱粉粒會發生糊化，我們至今都還無法找出規律，可以說是只有神才知道。

會這樣說，是因爲小麥粉中同時存在著糊化及沒有糊化的兩種狀態的澱粉，黏性高的糊化澱粉和大部分沒有糊化的澱粉會連結在一起，在麩質間形成高密度的牆壁。而這就變成了結構扎實的麵包芯。

通常完整的小麥澱粉會是球狀或橢圓球狀，但在製粉過程中，有些小麥粒會因通過滾輪時的壓力、剪切、摩擦熱等物理外力而受損（裂開），這些破裂或破損的澱粉粒被稱爲破損澱粉，約占澱粉中的百分之十至十五。而麵包製作過程中，這些破損澱粉會導致意想不到的效果（圖3－8）。

破損澱粉在攪拌階段或麵團發酵過程中，會從裂開的部分吸收水分而發生水合現

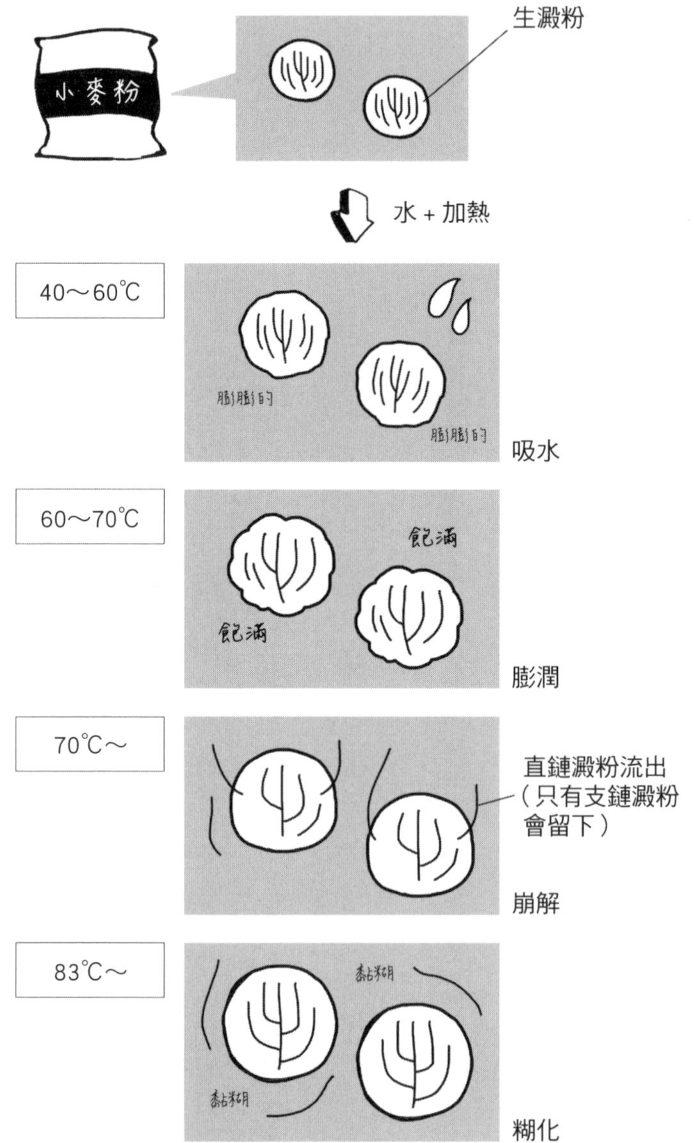

圖 3-7　各溫度時澱粉粒的變化

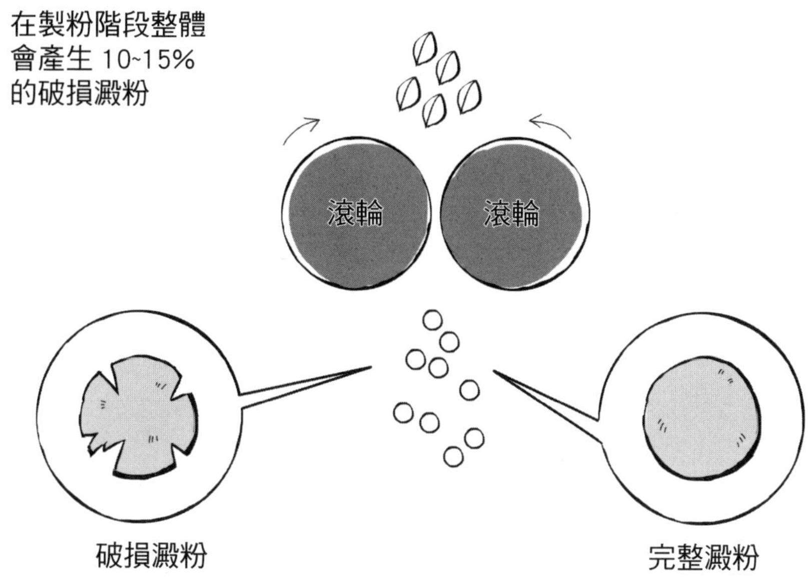

圖 3-8　完整澱粉及破損澱粉

象，結果在還沒加熱前，小麥中的α-澱粉酶與β-澱粉酶等澱粉酶群（澱粉分解酵素）的活性就已經變得比較高，將澱粉分解成麥芽糖及糊精。其後，酵母中的麥芽糖通透酶（maltose permease）會取走一部分麥芽糖，麥芽糖酶則將之分解成葡萄糖，成爲酵母的營養來源（參考P78）。而酵母因此活化，幫助麵團的發酵與膨脹。

從化學反應角度來說明到底發生什麼事的話，首先是分解了酵母營養源的葡萄糖和麥芽糖，生成二氧化碳和乙醇，產生的二氧化碳會成爲讓麵團膨脹的原因，乙醇則是麵包的風味和香味來源。

並且，經過澱粉酵素糖化後的麥芽糖，在烘烤麵團時會成爲焦糖化的原料，並促進麵包皮（外側烤麵包色的部分）上色。另外，麥芽糖也能以糖漿那樣的液化狀態，讓麵團多少軟化一些，協助讓麵團的延展性增加。破損澱粉在美味的麵包製作過程中有很多不同效用。

烘烤時，澱粉在麵團溫度上升到四十五至六十度C左右時，澱粉中的α-澱粉酶與β-澱粉酶會相當活化，因此大半的破損澱粉都不會發生糊化，在那之前就先被糖化成葡萄糖了。換言之，破損澱粉可以在比較少量的水中發生糖化，可以節省水的用量。多出的水則可幫助澱粉膨潤、糊化，有一石二鳥的作用。順帶一提，α-澱粉酶與β-澱粉酶在超過六十度C後活性就會漸漸下降，在七十度C左右就會失去活性，對澱粉的糊化沒有影響。

解釋到這裡，讀者們應該也能理解，破損澱粉在麵包製作中是不可或缺的存在，正可說是麵粉的「榮譽負傷」吧。

題外話是，製粉時沒有破損的完整生澱粉，大部分都在核心中有個結晶構造的「粒心（hilum）」。用偏光顯微鏡看生澱粉的話，結晶部分會反射、折射光，形成被稱爲

「馬爾他十字（Maltese cross）」的十字架。這個十字架圖案會隨著澱粉粒加熱、膨潤而消失，因此擁有「馬爾他十字架（Maltese cross）」正可說是完整生澱粉的證明。

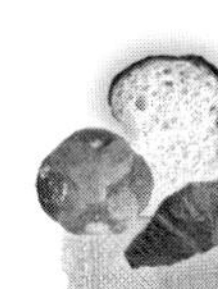

直鏈澱粉和支鏈澱粉

前面提到澱粉將葡萄糖相互黏在一起，而連結的方式有兩種，一是透過α-1、4糖苷鍵使得直鏈狀的單醣捲成螺旋狀的直鏈澱粉，另一種是透過α-1、6糖苷鍵產生分支，並且分支像直鏈澱粉一樣形成α-1、4糖苷鍵的支鏈澱粉（圖3－9）。

小麥澱粉中所含的直鏈澱粉和支鏈澱粉比例大約是一比三。另外，平均來說直鏈澱粉所含的葡萄糖會有二百至二千個，而支鏈澱粉大約會結合數千個。更大的澱粉粒，甚至有分子量超過百萬的。

在澱粉中，成分支狀的支鏈澱粉分子會排列起來，而直鏈澱粉分子則存在於其間隙，形成「微胞結構」。生澱粉中的微胞結構，其分支間的間隔窄、密度也高，但糊化狀態下，分支間的間隔會變寬、密度也下降。如果將糊化過的澱粉冷卻的話，分支間的間隔又會再度變窄，而這種狀態稱爲澱粉的「老化」。

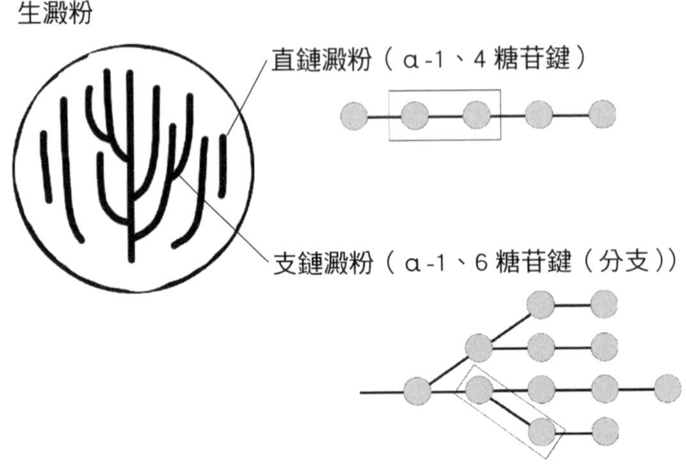

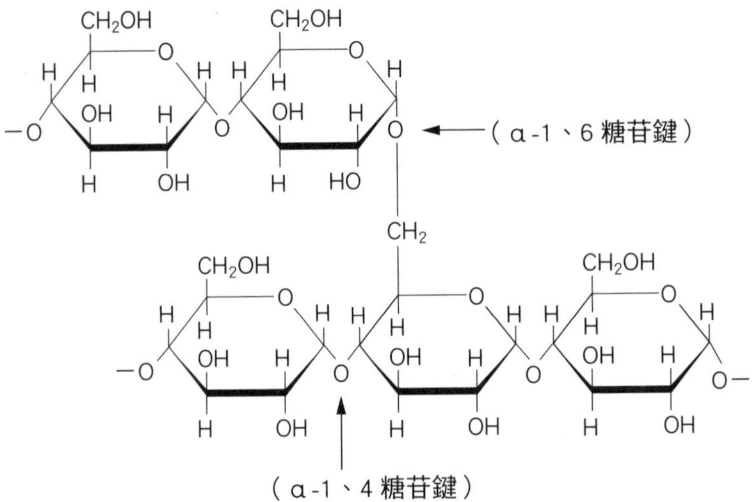

圖 3-9　直鏈澱粉和支鏈澱粉

接著，破損澱粉透過澱粉酶群（來自小麥）、麥芽糖通透酶（來自酵母）、麥芽糖酶等酵素作用，大部分最後都會被糖化成葡萄糖。澱粉酶群可以大致上分成α-澱粉酶、β-澱粉酶、異澱粉酶、葡萄糖澱粉酶等四大類。

在小麥澱粉中，首先，α-澱粉酶會將直鏈澱粉和支鏈澱粉不規則地切斷，分解成糊精和多醣；其次，β-澱粉酶會把直鏈型的糊精和多醣切成由兩個葡萄糖組成的麥芽糖，再將α-1、6糖苷鍵的分支部分連根切斷，也就是切下麥芽糖的部分，而剩下的糊精被稱爲「極限糊精（limit dexitrin）」，會留在麵團中，而不會再繼續分解。

在這裡先暫停說明閒聊一下，在工業上其實是有辦法進一步分解極限糊精的，剩下的極限糊精，透過異澱粉酶（澱粉剪支酶）可以再進一步切分支，最後由葡萄糖澱粉酶（錨型酵素）將之分解爲葡萄糖。就這樣分子量原本超過一百萬的澱粉，就百分之百被糖化成了葡萄糖。這個完全分解的機制被稱爲「澱粉透過澱粉酶被糖化」，但實際上在製作麵包時並不會做到這個地步。

麩質基質中的澱粉粒

所謂的基質（matrix）在數學上就是指矩陣，生物學上是指細胞中或細胞外基質的意思，而作者聽到這詞，則老忍不住想起基努李維演的好萊塢電影《駭客任務》（The Matrix）。這裡的matrix是指從電腦的母體生出的「假想現實空間」……。

就不說題外話了，所謂的麩質基質，指的就是前面登場的氣泡，也就是在麩質間，一些由麩質helix透過雙硫鍵、相互交叉而形成的微小立體空間。以麵團來說，這可以在作爲骨幹的麩質的柱子間，用澱粉跟破損澱粉、水爲主要材料，扎實地塡出牆壁。想像圖就如圖3－10那樣，並且麩質基質會隨著製作麵包的程序而產生變化。

基質中含有酵母或其它原料分子，就像是「塞滿了飯和各種配菜的幕之內便當或松花堂便當」的感覺。

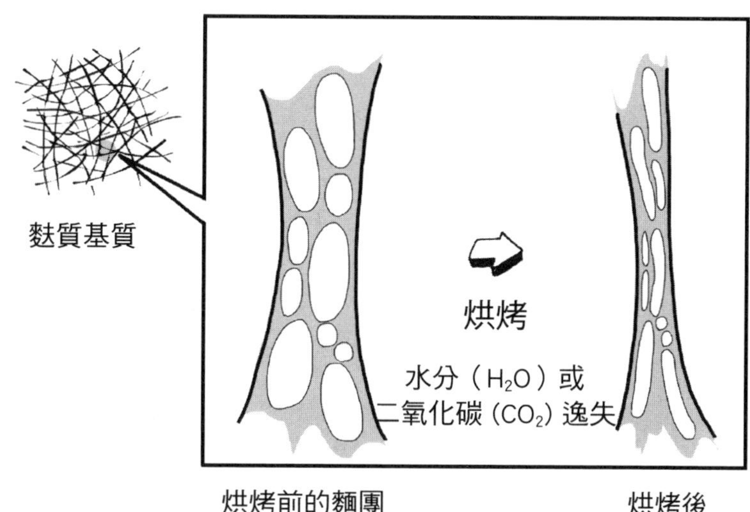

圖 3-10　麩質基質中澱粉粒的變化

四個主角

②酵母的科學

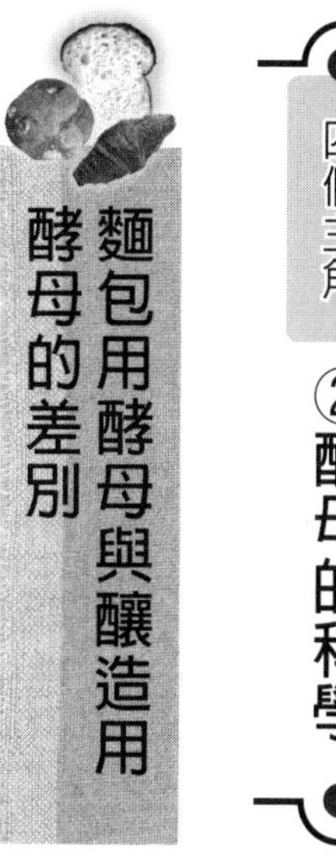

麵包用酵母與釀造用酵母的差別

雖然都叫做酵母，但目前人類已確認的酵母就有超過數百種。其中在飲食方面，「釀酒酵母（Saccharomyces cerevisiae）」屬種的酵母，可以將有機化合物分解成「酒精」和「二氧化碳」。一般釀酒酵母會用在發酵飲料或食品，是一種人類所熟悉的酵母。其外形大多是細胞膜呈球型或橢圓球狀、直徑三至十四㎛的單一細胞（水分含量約百分之八十）。

麵包酵母也是釀酒酵母的一種，日本酒、威士忌、葡萄酒、啤酒等也都使用了同一屬種的酵母。此外，也有使用酵母屬中其他種酵母釀造的酒，如一部分的葡萄酒使用貝酵母（Saccharomyces bayanus〔S. bayanus〕），而窖藏啤酒使用了嘉士伯酵母（Saccharomyces carlsbergensis〔S. carlsbergensis〕）等。其共通點是會產出比較多飲料所需的乙醇及二氧化碳。麵包的話如同前述，乙醇會成爲麵包的風味及香氣來源，而二氧化碳則會讓麵團膨脹。

$C_6H_{12}O_6$（葡萄糖）→$2C_2H_5OH$（乙醇）＋$2CO_2$（二氧化碳）＋能量釋放

這些酵母就像人類一般，每個都有不同的個性，就算是同屬同種的酵母也會因不同菌株性質有所不同，所以各自會產生不同的效果。麵包用酵母主要是以讓麵團發酵、膨脹的目的爲主，因此會選擇乙醇的產量比較少，而二氧化碳量比較多的酵母類型。另一方面，釀造用酵母主要是產出乙醇，也會選擇以此爲長的酵母。現在因爲酵母的基因不同，而可以用生物學進行分析並分類成各種種類，但這些分析也都是後來才產生的理

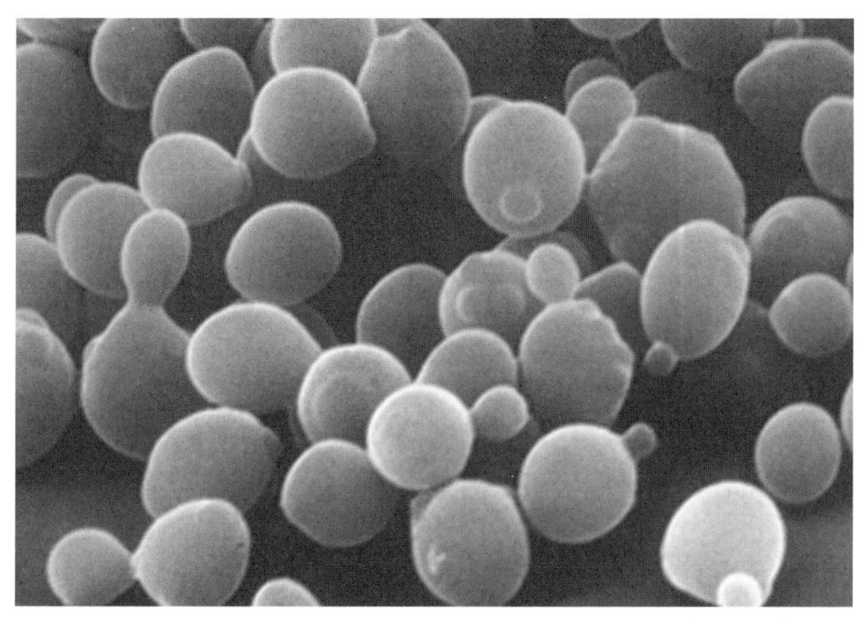

圖 3-11　出芽中的酵母
（照片來源：Oriental 酵母工業股份有限公司）

論，請不要忘了這些結果實際上是人類透過數千年以上的反覆嘗試而得到的。

話說回來，不知道讀者們認爲啤酒酵母跟麵包酵母原本生存於自然界的何處呢？釀酒酵母主要生存於樹皮、樹液、果實，還有穀物、豆類、葉菜類種子及根，還有蔬菜的莖及葉的表皮等，也就是澱粉跟醣類多的部位。另外，挖出這些植物的土壤中也檢測出很多（圖3－11）。

麵包酵母的種類及使用區別

麵包用酵母可分成三大類：生酵母、活性乾酵母及即溶乾酵母。首先來介紹各個酵母的使用區別，日本用在軟式和胖麵包的酵母主要是生酵母，而硬式和瘦麵包則主要使用活性乾酵母或即溶乾酵母。因爲麵包種類會像這樣進行分類，所以製作者也會依據情況使用不同的酵母。另外，自家烘焙坊常用、比較專門的冷凍半乾酵母（即溶型）也相當受歡迎。

以下就依據各酵母的特徵和用途來進行簡單說明（表3－1）。

■生酵母

工業上最早開發出來的生酵母能應用的範圍很廣，在日本或全世界都是最常被使用的。另外，冷藏、冷凍用的酵母也已被開發出來，從大型麵包連鎖廠商到街上的自家烘焙坊都廣泛地使用它。溶在水中就可以直接使用的簡單使用方法也是其優點，但因爲需要冷藏保存，所以缺點是必須投資保存設備，並且會占用空間。另外，因爲是食用保存

		水分（%）	使用方法	保存時間
麵包酵母（生酵母）		65～70	加入水中，攪拌後使用。	約3週
乾燥酵母	粒狀（活性乾酵母）	7～8	在40度C的溫水中至少預備發酵20分鐘後使用。	6～12個月
乾燥酵母	顆粒狀（即溶乾酵母）	4～4.5	直接混在粉中使用。	1～2年

表 3-1　生酵母和乾酵母的差別

期限較短的生酵母，所以進貨管理（較早進貨的要優先使用）也很重要。

■活性乾酵母

歐美一九四〇年代開發出的顆粒狀活性乾酵母，是將黏稠的糊狀生酵母低溫和暖風（三十至四十度C）乾燥數小時後的成品。和生酵母相比，其水分含量大約減少到十分之一左右，實際上的菌量則大約是生酵母的二倍，而活性也是生酵母的約二點五倍左右。單純用數字計算的話，如果原本使用了十公克的生酵母，改用活性乾酵母只要四公克就夠了。活性乾酵母在攪拌麵團前需要預先發酵，所以並不怎麼方便，但是酵母的味道及發酵時的氣味是令人喜歡的香味，所以似乎也有些講究的自家烘焙坊基於喜好而特別愛用。

■即溶（快發）乾酵母

一九七〇至一九八〇年代，在美國跟法國幾乎同時發表的劃時代發明「即溶乾酵母」，和活性乾酵母一樣是用黏稠糊狀的生酵母來製造。透過凍乾技術加工成乾爽的顆粒狀，實際上的菌數爲生酵母三倍以上，活性非常強，大約是生酵母的四至五倍左右。如同前述，假設需要十公克生酵母，則即溶乾酵母大概只需要二至二點五公克就夠了。優點除了混在小麥粉中就能使用，相當便利之外，如果不開封還能在常溫中保存二至三年，開封後如果放入密閉容器並置於冷藏庫保管，大概半年內活性都不會減低太多而能正常使用。今日在以歐洲爲首，特別是溫帶、熱帶國家非常受到重用。

在此也說明一下凍乾技術，這是利用眞空和超低溫讓物質乾燥的方法，也稱爲眞空冷凍乾燥法。水在眞空下不會以液體方式存在，因此讓酵母或食品凍結後，如果保持在零下二十至五十度C度的低溫下，把冰昇華成水蒸氣（直接從固體變成氣體），就可以在不因高溫使得食品變性的情況下，讓物質變得乾燥。

■冷凍半乾酵母（即溶型）

這是都市裡的自家烘焙坊最近很流行使用的酵母。形狀是顆粒狀，未開封的話大約有二年的保存期限。冷凍半乾酵母（即溶型）的水分量（百分之八至十五）介於生酵母和乾酵母之間，很容易溶於水，需要跟粉合用的時候可以簡單地只使用必要的份量，所以相當簡便，不過開封後必須放在密閉容器中並冷藏或冷凍保存。

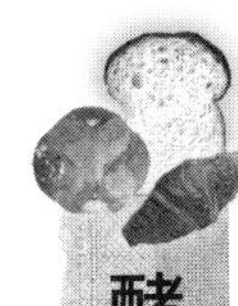

酵母是超級甜食派!?

如同前述，麵團中的酵母大半都是在無氧環境下發酵出酒精的。它們以單醣類的葡萄糖或果糖為主要營養來源，並在細胞內代謝後產生出二氧化碳及酒精。但實際上酵母是如何攝取葡萄糖跟果糖的呢？我們來比較一下添加砂糖（蔗糖）和不加的情況吧。

在不添加蔗糖的情況下，小麥粉裡的醣類、澱粉分解酵素「澱粉酶群」會將小麥粉中含有的破損澱粉糖化成雙醣類的麥芽糖。接著，酵母內的麥芽糖通透酶會用雷達抓住細胞外的麥芽糖，並讓它穿過細胞膜而拉入細胞內。被吸到細胞內的麥芽糖會被麥芽糖酶（麥芽糖分解酵素）糖化成兩分子的葡萄糖。最後發酵酶（解糖系酵素）會代謝葡萄糖，讓它變成酵母的能量或者其它產物（圖3－12）。

添加蔗糖的時候，因爲酵母沒有蔗糖通透酶，所以細胞會拒絕吸收蔗糖。麥芽糖和蔗糖都是雙醣類，分子量也相同。但蔗糖是葡萄糖加果糖、而麥芽糖是葡萄糖加葡萄糖，兩者的分子結構是不同的。酵母所擁有的麥芽糖通透酶可以感測到兩者結構不同，但酵母也需要把細胞外的蔗糖當作養分，所以它會放出細胞膜附近的蔗糖酶（蔗糖分解酵素），把蔗糖糖化成葡萄糖和果糖。接下來酵母會利用細胞裡的葡萄糖通透酶和果糖通透酶，將葡萄糖和果糖抓進細胞裡。而被抓到細胞中的葡萄糖和果糖，最後會被發酵酶代謝掉，產生能量和其他產物（圖3－13）。

就像以上所說的，酵母會將大量的葡萄糖和果糖吃掉，轉換成酒精發酵所需的能量，並產生出二氧化碳和酒精。因爲醣類是酵母的營養來源，所以才說酵母是「超級甜食派」。

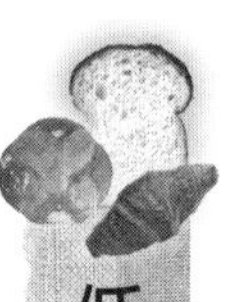

低蔗糖型和高蔗糖型酵母的差別

現代業務用的酵母相當多樣化，大廠商等都會透過自有品牌（Private Brand）的酵

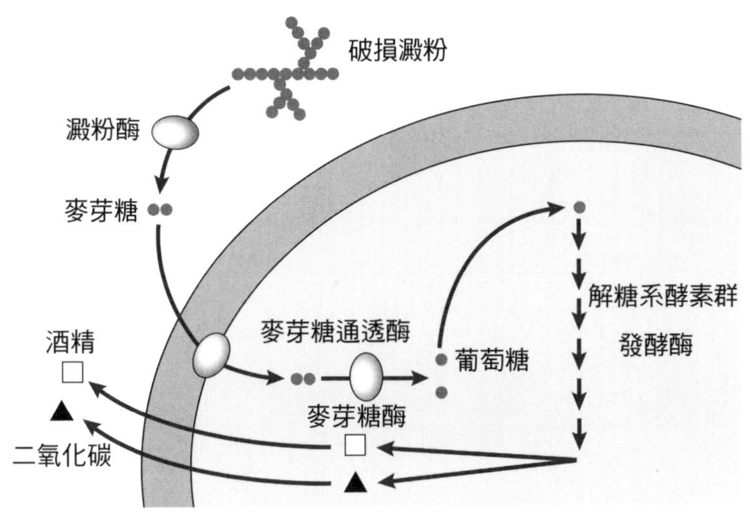

圖 3-12　麵包酵母在麵團中的活動（未添加蔗糖的情況）

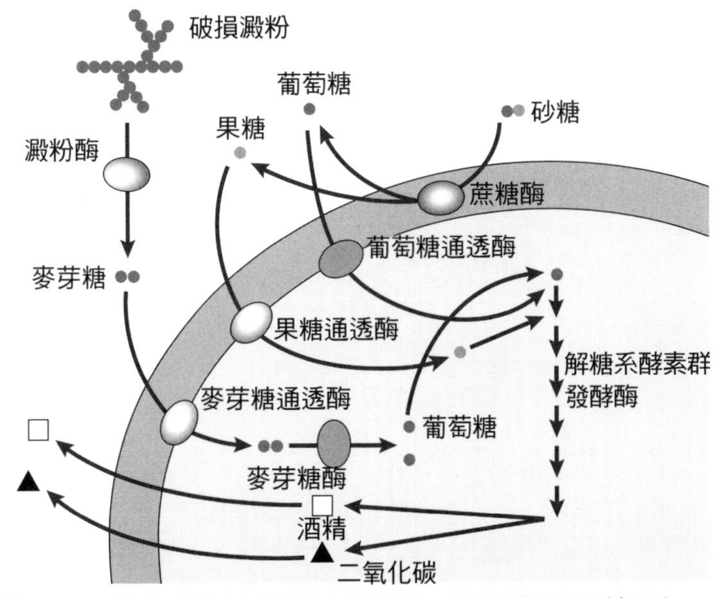

圖 3-13　麵包酵母在麵團中的活動（添加蔗糖的情況）

母來製造與其他產品的差異及區隔，特別是生酵母，除了標準型以外還有麥芽糖高度發酵型（高麥芽糖酶活性）、超耐糖性型、冷藏麵團型（耐低溫）、冷凍麵團型等衆多種類，讓商業酵母市場十分豐富。這裡我們就以一般家庭或自家烘焙坊也經常使用的樂斯福公司（Lesaffre）的即溶乾酵母爲例，來談談低糖麵包用（低蔗糖型）及高糖麵包用（高蔗糖型）的酵母差別吧。

低蔗糖型酵母（紅標籤版）用於不添加砂糖（蔗糖）或砂糖量少的麵包，而高蔗糖型酵母（金標籤版）的則用於砂糖添加量多的麵包。

依據配方中砂糖的多寡來使用不同酵母的理由有些複雜，以下會分成四點來說明：①麵團的蔗糖濃度與酵母的關聯性；②低蔗糖型酵母及高蔗糖型酵母；③麥芽糖酶和蔗糖酶運作的方式不同，以及對麵團的影響力；④以實踐結果來區分使用低糖麵包用（低蔗糖型）及耐糖麵包用（高蔗糖型）酵母。

在說明之前，先簡單說明什麼是滲透壓。所謂的滲透壓，指的是假設有被膜隔開的兩種不同濃度的溶液混在一起，則滲透壓會讓液體從濃度低的溶液往濃度高的溶液移動。簡單地說，如果對蛞蝓灑鹽的話，水分就會從蛞蝓的體內流出並且變得乾癟（圖3—14）。在往下讀之前，希望讀者們可以先理解這個概念。

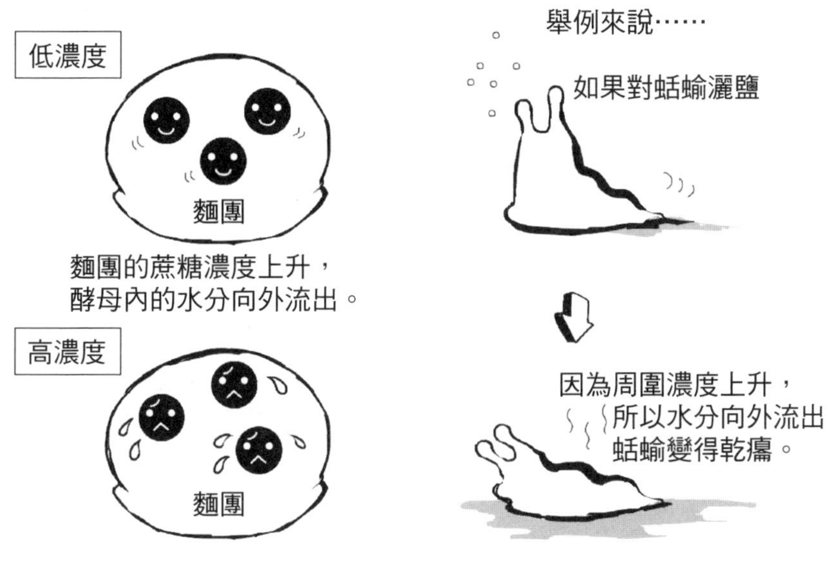

圖 3-14　滲透壓概念圖

①麵團的蔗糖濃度與酵母的關聯

麵團中添加的蔗糖（葡萄糖＋果糖）在攪拌時，會因配方添加的水而使得結晶體溶解成蔗糖水溶液，並低分子化成獨立的蔗糖分子。蔗糖分子透過這個過程被平均地擴散到麵團中，當然如果是砂糖愈多的配方，則溶液的蔗糖濃度也會上升，麵團中的蔗糖濃度也會提高。

問題是麵團中的蔗糖濃度達到一定的濃度後，就會對酵母產生滲透壓。而產生滲透壓的酵母，細胞內的水分會透過細胞膜流到外面，而酵母的活性也因此下降，沒有辦法按預計繼續發酵酒精。結果麵團的發酵變慢，二氧化碳的產生也減少，使得麵團軟化和膨脹程度不足，變得很難做成麵包。

②低蔗糖型酵母及高蔗糖型酵母

雖然前面已說了好幾次，但酵母會將麵團中的麥芽糖、蔗糖分解為葡萄糖或果糖，並以此做為發酵過程的營養來源。為了對應麵團中的麥芽糖和蔗糖，我們細胞內有麥芽糖分解酵素（麥芽糖酶），以及在細胞膜附近有蔗糖分解酵素（蔗糖酶）。麵團中的麥芽糖來源是小麥中的破損澱粉，它會被澱粉酶糖化成雙醣類（葡萄糖＋葡萄糖），而蔗糖通常是在麵團攪拌時會被當砂糖來添加的一種雙醣類（葡萄糖＋果糖）。一般的酵母，其活性和麥芽糖酶或蔗糖酶差不多，換句話說，就像是搭載了兩種破壞力相當的飛彈的神盾艦那樣。

如同前面所說，同屬種的麵包用酵母也有很多種類。而低糖麵包型（低蔗糖型酵母）會選擇的酵母類型是具有高麥芽糖發酵性且麥芽糖酶的活性高，會積極將麥芽糖分解成葡萄糖的酵母，因為麵團的糖是低濃度，滲透壓耐性也普通；另一種則是蔗糖添加量少，高蔗糖酶活性的。

而耐糖麵包用（高蔗糖型）的酵母，因為麵團中的糖濃度高，細胞本身的滲透壓就很強，蔗糖的添加量也很多，所以會選擇低蔗糖酶活性的酵母。

總而言之，高蔗糖酶活性的酵母會用於低蔗糖型麵包，而低蔗糖酶活性的酵母則適用於高蔗糖型麵包。

接下來我們就說明一下這個機制吧。高蔗糖酶活性的酵母如果用於高蔗糖濃度的麵團，則蔗糖酶會將蔗糖水解成高果糖漿（葡萄糖、果糖），使得麵團的糖濃度急遽增加。而這會使得麵團中的滲透壓更加上升，並對酵母造成傷害，因此高蔗糖的麵團中應該使用低蔗糖酶活性的酵母。在此也列出數字作爲參考，低蔗糖型酵母的蔗糖酶活性，會比高蔗糖型酵母高出五十至一百倍左右。

③**麥芽糖酶**和**蔗糖酶**不同的**運作方式及對麵團的影響力**

根據前面所說的，因爲麵團裡破損澱粉所產生的麥芽糖，以及其它原料中的蔗糖，代謝機制會有所不同，所以我們可以推測，酵母會因應營養來源而改變進食的方式。而酵母中也有分成麥芽糖分解速度很快跟很慢的不同類型。

低糖麵包型（低蔗糖型）酵母又被稱爲麥芽糖結構型，它抓住麵團中麥芽糖的速度很快，可以早早吸收麥芽糖到體內，並代謝成二氧化碳及酒精。這種麥芽糖結構型的酵母總是很飢餓，會不停吃掉麥芽糖。低糖麵包的麵團中沒有添加蔗糖，營養來源只有麥芽糖，所以會需要這些能快速分解麥芽糖的酵母。因爲分解速度快，所以氣體產生的速度也快。

另一方面，耐糖麵包（高蔗糖型）酵母被稱爲麥芽糖誘導型，它會將被澱粉酶糖化完的麥芽糖，緩緩分解成二氧化碳和酒精，這種麥芽糖誘導型酵母比較溫和，會徐徐地吞掉麥芽糖。耐糖麵團添加了比較多的蔗糖，所以首先蔗糖酶會分解蔗糖，確保酵母有穩定的營養來源，所以酵母也不需要急著分解麥芽糖。因此其特徵是麥芽糖的分解速度比較慢，氣體產生也比較慢。

酵母廠商在選擇各個菌株進行商品化時，就會考慮麥芽糖結構型酵母和麥芽糖誘導型酵母各自的性質（圖3—15）。

④低糖麵包型（低蔗糖型）及耐糖麵包型（高蔗糖型）酵母的使用區別

要談論實際上如何區分即溶乾酵母中低糖麵包型（低蔗糖型）及耐糖麵包型（高蔗糖型）的差別，我們需要先介紹麵包中砂糖的添加程度。另外，這只是根據筆者經驗及廠商建議的參考值，根據廠商不同，會多少產生一些差異，還請讀者們諒解。

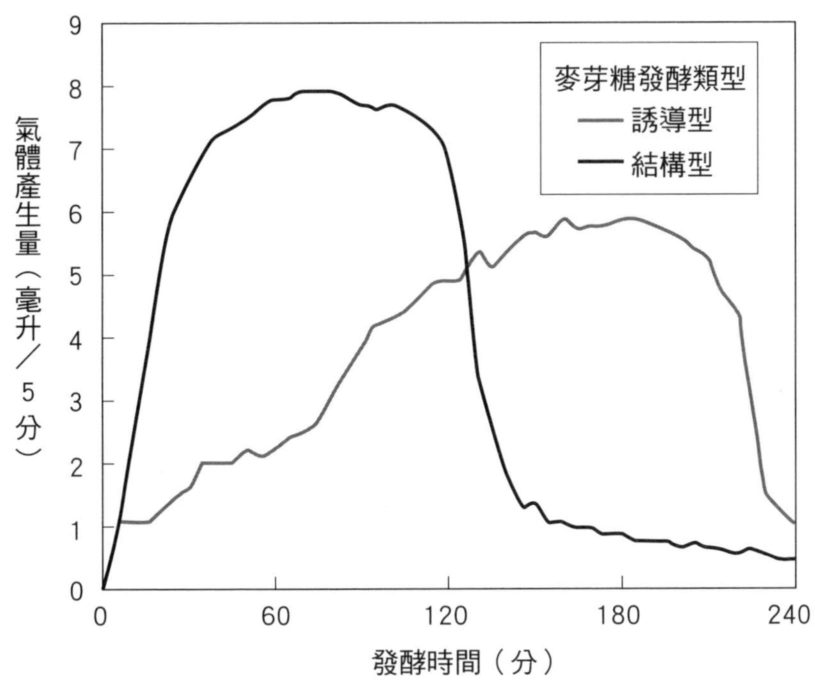

圖 3-15　麥芽糖發酵特性的差別
（資料來源：Oriental 酵母工業股份有限公司）

砂糖添加量（與小麥粉的重量比）

百分之〇至五以下：使用低蔗糖型酵母（高蔗糖酶活性）。

百分之五至八：低蔗糖型酵母、高蔗糖型酵母（低蔗糖酶活性）兩種皆可。

百分之八以上：使用高蔗糖型酵母。

胖麵包中的砂糖量經常超過百分之十五，而甜麵包比重到百分之三十左右的也很多。

另外，低蔗糖型酵母的砂糖添加量，如果對粉重量比是百分之十以上的話，就會因發酵不足而使得麵包不夠膨鬆。而高蔗糖型酵母中，如果砂糖量超過粉重量的百分之十五，因發酵不足而導致不夠膨鬆的可能性也會上升。如果添加砂糖的重量占粉的百分之十五以上的話，雖然酵母量會依據砂糖量而有所不同，但總之酵母量還是多增加一至二成會比較好。

雖然已經說了好幾次，但總之低蔗糖型酵母是高蔗糖酶活性，而高蔗糖型酵母是低蔗糖酶活性。

四個主角 ③鹽的科學

鹽可以鍛鍊麩質嗎？

如果我們比較加鹽的麵團與沒加鹽的麵團，就可以一目瞭然看出兩者的差別，加了鹽的彈性更佳，可以揉成有點黏性、表面滑順的麵團。而沒加鹽的雖然延展性比較好，但會變成黏答答的麵團。

以前的麵包師傅經常會說「鹽可以鍛鍊麩質」或「鹽會讓麵團收縮」，這是至今也通用的「麵包格言」，我們來了解一下其背後的原因吧。

食鹽對麩質的影響是可以讓麵團的黏度降低，並讓麵團收縮。兼具黏彈性的麩質是由具黏性的麥膠蛋白和具彈性的麥蛋白所構成，雖然麥膠蛋白和麥蛋白無法溶於水、食鹽水或酒精，但根據近年來麥膠蛋白的相關研究，麵包中的「食鹽」能讓麥膠蛋白溶於水的說法逐漸受到信任。這個理由說明起來會很長，所以這裡就加以省略，但如果把大量的麥膠蛋白溶於水中，同時就會讓麥膠蛋白的「黏性」消失。結果因爲它具有的黏性減少，所以麵團黏度也降低了。

另外，食鹽有凝聚麥膠蛋白的性質，因此麵包的密度也會變高，而更進一步地說，食鹽（NaCl）的鈉離子及氯離子，還會透過影響其它共價鍵或氫鍵、雙硫鍵等化學反應，使得麩質的分子間結構整體上變得緊密且強韌（圖3－16）。

換句話說，與麩質延展性對抗的抗拉強度會變高。因此才會出現「鹽可以鍛鍊麩質」或「鹽會讓麵團收縮」等說法吧。

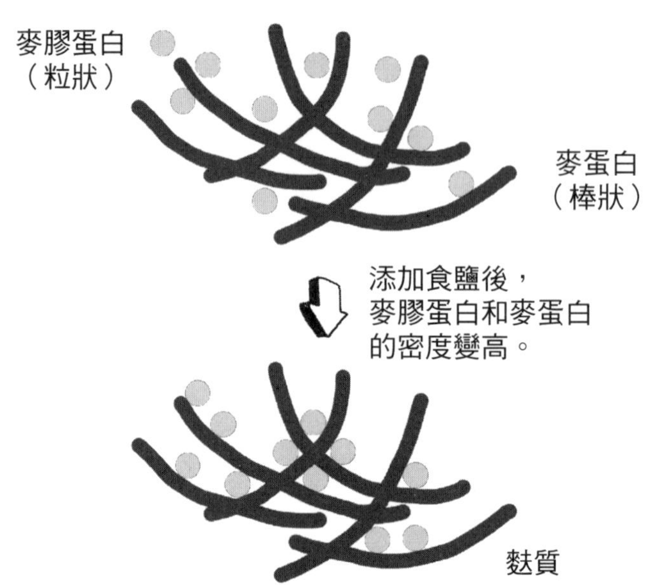

圖 3-16　食鹽對麩質網路造成的影響

接下來，我想談談麵包的鹹味及美味。

一般說到鹽指的就是「食鹽」，但是食鹽的「鹽味」是來自主成分的氯化鈉。以商品分類而言，食鹽、cooking salt、餐桌鹽等的氯化鈉含量都有百分之九十九以上，如果是精製鹽的話，甚至還會達到百分之九十九點五以上。上述的鹽全都是用離子交換膜製鹽法所製造出來的，是純度相當高的鹽。

那麼「鹽的美味」是怎麼一回事呢？

在食品量販店的架子上，常看到寫著「～之鹽」「～天鹽」「～粗鹽」等用地名當商品名的鹽，而且不僅是日本、也有許多世界各地的地名。這些大多都是以海鹽、湖鹽或岩鹽為原料，讓海水在太陽下曬乾或用窯煮過濃縮，或是從湖鹽裡採集，還有將岩鹽敲碎後煮乾的鹽，製鹽法也有加熱、乾燥、非加熱等許多種類。並且我們也常看到「～的海鹽味道柔和」「岩鹽帶有甜味」等說法，這些鹽的共通點就是除了氯化鈉以外還含有很多物質，用海水製成的鹽所含的氯化鈉大約占百分之八十左右，其他則是礦物質。而以成分分析來說，鹽裡含有的礦物質除了鈉以外，鎂（Mg）、鈣（Ca）、鉀（K）占了其他礦物質的百分之九十九以上，並且這些其他礦物質的含量非常微量。其中一般認為對「鹽的美味」有很大貢獻的，是以「滷水（$MgCl_2$）」為主的其他礦物質，另外，海水除了礦物質外，還有浮游生物或海藻碎屑等，而岩鹽則含有礦物的顆粒或鏽等。

而精製鹽的「食鹽」，因為沒有麩胺酸鈉（味精）這類胺基酸化合物，所以沒辦法確定「美味的來源」。所以我們也無法否定一個可能性，那就是人類的嗅覺或味覺，可能會受到化學分析、或成分表上沒有標示的「極微量礦物質及雜質」影響。那就是人類的五官所感受到的「難以描述的美味」或「說不出的好吃」。

那麼食鹽中所含的礦物質成分多寡，對麵包或麵團有沒有影響呢？先不說小麥粉及水等其他原料中也含有礦物質，筆者雖然沒有辦法測定食鹽中的礦物質對麵團的影響，但應該是幾近沒有吧。

四個主角

④水的科學

適用於製作麵團的水

水是製作麵團必要的東西，但什麼樣的水才適合呢？

雖然之後在第五章製作麵包的程序中也會再提到，但首先來想想水在麵團製作過程中扮演的角色吧。

①形成麩質所需。

②讓澱粉膨潤、糊化。

③酵母代謝時所需。

④讓砂糖及鹽等水溶性結晶體溶解（溶劑）。
⑤讓各種原料黏著在一起。
⑥麵包作為食物所需要的成分。

麵包業界中一般認為適合做麵團的水如下：
①pH值六點二至七的弱酸性或中性水。
②硬度五十至一百二十ppm的微軟水或微硬水。

做好的麵團pH值大約在五點二至五點五，而烤好的麵包標準上為pH值五點七至五點八。這是因為酵母在酸性環境中會更加活化，而事實上如果只考慮酵母的話，他們在pH值四點五以下的活性會是最大的。但是除了一部分的酵母種或麵包，如果pH值太低的話，烤出來的麵包會酸酸的不太合適，所以麵團用水的酸鹼值限制，還是如前面所列的第一點。

另外是關於硬度，日本的自來水大部分硬度都在五十至一百二十ppm的範圍中，用來製作麵包沒有任何問題。ppm的計算方式是將一公升的水中所含的鈣、鎂等，換算成碳酸鈣的重量再加以計算。適當硬度的水中含有的礦物質，離子化後和鹽有同樣的效果，可以對麵團中的麩質分子發生作用，收緊分子間的結構。其結果是讓麵團可以保有適當的緊繃度，因此之後不僅容易處理，也能烤出分量足夠的麵包。

如果是使用五十 ppm 以下的軟水，或是接近純水（0 ppm）的話，麵團就會容易黏答答的，一般認爲這是因爲隨著礦物質減少，類似鹽的效果也跟著降低，使得麩質的分子間變得比較鬆散。這會使得之後的處理變得不方便，如果沒處理好就會烤出乾癟的麵包。

相反地，如果用了比自來水硬度高的水，到了超過三百 ppm 的硬度的話，試烤的結果是麵團跟烤出來的麵包都很穩定，沒什麼問題。順帶一提，現在日本販售的國產或外國產礦泉水，硬度從十 ppm（相當軟）到一千五百 ppm（超硬水）都有。

關於「水、麵包的味道與香味」的關聯性，如果是 pH 值和硬度都適當的水，麵團、烤出來的麵包都不會有太大的差別，幾乎所有人都會覺得同樣是兼具香味和美味的麵包吧。但如果用了適當範圍外的、pH 五以下的檸檬水，而其他條件仍維持相同的話，就會烤出有酸味的麵包；另外，用了硬度一千五百 ppm 的礦泉水的話，則會變成口感堅硬、難咬的麵包。

四個配角

①醣類的科學

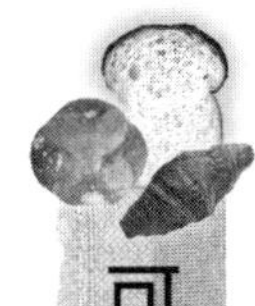

可以及無法成為酵母營養來源的糖

雖然醣類被酵母攝取的模式已經在酵母的部分說明過了，但這裡我們一邊複習，同時再加一些更詳細的說明吧。

能成爲酵母直接營養來源的糖，只有醣類中分子量最少的單醣類。而只有六碳糖的葡萄糖或果糖，可以被酵母利用「通透酶」抓到細胞內，並且被糖解作用給代謝掉。

另外，雙醣類中也有可以變成酵母營養的糖。

一個就是由葡萄糖和葡萄糖所結合成的麥芽糖。酵母擁有麥芽糖的通透酶，所以可以讓麥芽糖穿過細胞膜帶進細胞中。其後，細胞內所擁有的麥芽糖分解酵素（麥芽糖酶），就可以將一分子的麥芽糖分解爲兩分子的葡萄糖。最後再由糖解相關酵素的發酵酶代謝葡萄糖，把它轉變成養分。

酵母可以吃的糖

葡萄糖

C_2H_5OH

果糖

CO_2

麥芽糖

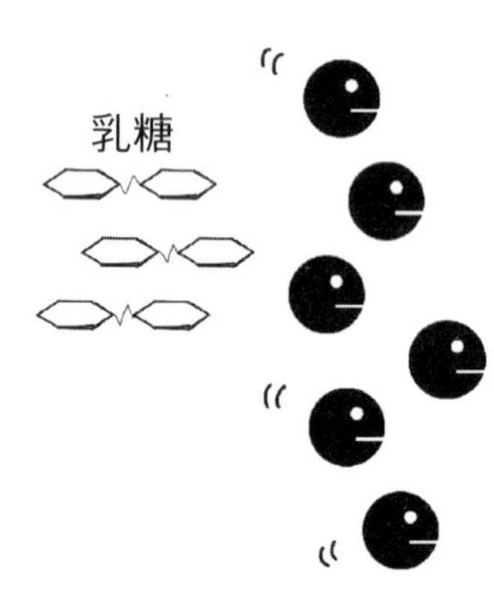

圖 3-17　酵母可以吃的糖、不能吃的糖

另一個是葡萄糖與果糖所結合成的蔗糖。酵母可以從細胞外發現蔗糖，放出蔗糖酶，在細胞將蔗糖分解成葡萄糖和果糖。之後，這些單醣就會被酵母菌內各自的通透酶抓住，通過細胞膜而被帶到細胞中。其後，葡萄糖或果糖再被發酵酶代謝，成爲養分。

麵包原料中也會使用乳製品（奶油、脫脂牛奶等），而牛奶中含有的是雙醣類的乳糖（葡萄糖＋半乳糖），因爲酵母中沒有可以分解乳糖的酵素，所以非常可惜地，乳糖沒有辦法成爲酵母的營養來源（圖3－17）。

麵包使用的糖類以蔗糖爲主，以幼糖和細砂糖爲代表，其他也會使用大廠

種類	品名	甜度
糖類	蔗糖 葡萄糖 果糖 高果糖漿（果糖 55%） 水飴 乳糖	1.00 0.60～0.70 1.20～1.50 1.00 0.35～0.40 0.15～0.40
糖醇	山梨糖醇 甘露醇 麥芽糖醇 木糖醇 異麥芽酮糖醇	0.60～0.70 0.60 0.80～0.90 0.60 0.45
非碳水化合物之天然甜味劑	甜菊素 甘草素 索馬	100～150 50～100 2,000～3,000
非碳水化合物之人工甜味劑	糖精 阿斯巴甜 乙醯磺胺酸鉀（俗稱安賽蜜）	200～700 100～200 200

表 3-2　糖類的甜度比較

通稱爲「液糖」的轉化糖漿、或是高果糖漿。另外，有時爲了讓麵包產生特色，也會使用蜂蜜或果汁。

用來表現糖類甜的程度的，稱爲「甜度」，我們來看看如果蔗糖的甜度是一的話，和其他糖比較後的結果（表3－2）。

麵包皮的顏色和醣類

麵包的烘焙色（麵包色）指的是在烘烤、加熱的時候，包含底部的整個麵包外皮所著的顏色。麵包色主要是來自麵團的小麥粉中的澱粉，澱粉含有醣類（麥芽糖、葡萄糖等）及其他醣類（蔗糖、乳糖、高果糖漿等）。透過加熱會使糖起化學反應，或者單純因燒焦而形成烤麵包色。

烘焙中麵包皮的褐變反應，可分爲梅納反應和焦糖化反應兩大類。這兩種都是非酵素的反應。根據醣類的種類、配方比，上色速度及顏色深度也會多少有所變化，以麵團來說大概在一百三十至一百五十度C的溫度下會起梅納反應，而麵包皮也會產生淡淡的黃褐色；接著在一百六十至一百九十度C的時候會產生焦糖化反應，並讓麵包皮開始從淺茶色變成焦茶色。也就是說在麵包表面塗料時，打底的會發生梅納反應，而塗在表層的會發生焦糖化反應。

梅納反應也被稱爲羰胺反應，意思是麵團中從胺基酸來的胺基及從糖而來的羰基發生反應。梅納反應經過幾個階段的複雜化學反應後，最後發生褐變，產生出名爲「褐色

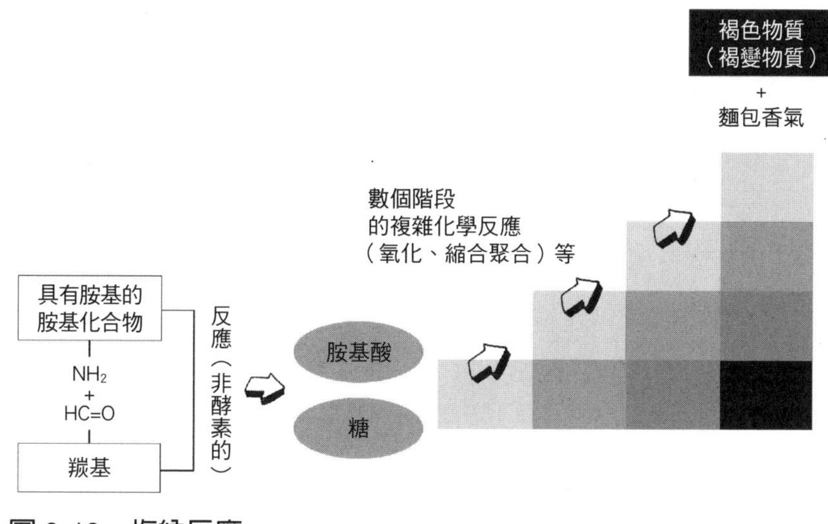

圖 3-18　梅納反應

物質」的褐變物質（圖3—18）。

焦糖化反應是當糖被加熱到一百至二百度C時發生的褐變反應，但用二百度C以上的溫度長時間加熱的話就會開始碳化。焦糖化跟梅納反應相比是很單純的化學反應，也就是水分蒸發並「燒焦」，這種褐變反應也以柔和的焦糖味爲特徵。

所以像這些「恰到好處的狐狸色」「金黃色」等煽動食慾的烤麵包色，主要就是由複雜的化學反應所組成的梅納反應，以及單純明快的焦糖化反應，這兩種化學反應來形成的。蔗糖的效用就是在麵團中被水解成還原糖（葡萄糖、果糖），這類糖較多的話就會促進梅納反應發生；相反地，非還原糖（蔗糖）比較多，就會促進焦糖化反應發生。至於哪種程度的蔗糖會被水解是沒有辦法控制的，所以哪種反應會比較多，這之間的平衡實際上還不清楚。

四個配角 ②油脂的科學

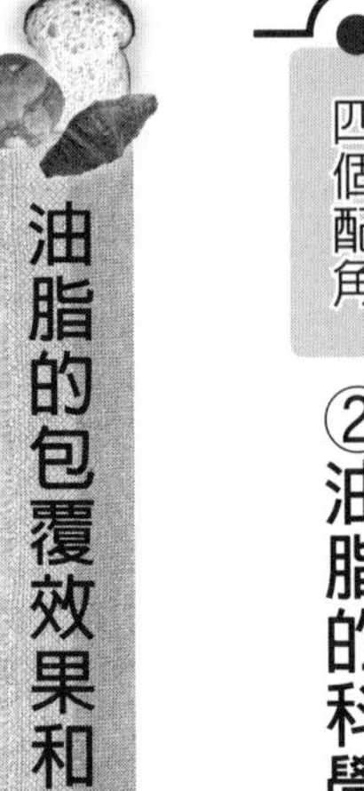

油脂的包覆效果和潤滑效果

麵團中如果加入油脂的話，延展性就會大幅增加，變成可以拉得很長的麵團。這是因爲麩質在攪拌中會往施壓的方向伸長，而油脂也會往同樣方向變形。結果就是麩質間會生出薄薄的油膜層，而這層膜則會將麩質各自包覆起來，因此可以防止麩質和麩質黏著在一起，麩質即使彼此接觸了，也還是可以相當滑順，這種情況被稱爲油脂的被膜（coating）效果和潤滑（lubricate）效果。

這些油脂的特性是：①讓麵團延展性變好；②讓麵團變得比較容易處理；③發酵時麵團可以輕鬆膨脹起來；④烘烤時麵團再次膨脹（烘焙張力）的效果變好；⑤烤好的麵包份量更大；⑥讓麵包乾燥的速度減緩……等各種效果。

擁有酥脆感的起酥油之謎

製作餅乾或比司吉時會使用的可塑性固體油脂（常溫下呈現固體狀，加壓後會變形的柔軟油脂）有許多不同種類，其中，我們來試著比較看看奶油跟起酥油。

在比較前，我們先說明什麼是起酥油，由於它跟乳瑪琳之間的不同是經常被問到的問題，因此就從乳瑪琳開始說起吧。

乳瑪琳誕生在一八六九年，法國的拿破崙三世因奶油不足，而開始找尋奶油的代替品，當時一位科學家麥琪—毛里斯（Hippolyte Mege-Mouriez）的提案被採用，成爲乳瑪琳的由來。當時似乎是將上好的牛油跟牛奶、鹽加在一起並冷卻成固體狀，也就是作爲高價的奶油替代品而被開發出來的一種類似奶油的產物。乳瑪琳英文是「margarine」，其由來是希臘文的「margarite」，似乎是珍珠的意思。在改良乳瑪琳品質後，從十九世紀末開始主原料就變成了以植物油爲主，也有一部分是動物性油脂。再加上水、食鹽、奶粉、香料、色素等一起攪拌後，冷卻凝固，或者加上氫讓它硬化，就成了滋味豐富的黃色乳瑪琳了。

起酥油是在十九世紀末，美國以植物油、動物油爲原料開發出代替豬油的麵團攪拌用固體油脂。當時被稱爲lard compounds（豬油的代替品），起酥油的主原料是植物油、動物油、魚油。起酥油就是將這些材料進行高溫（二百度C）加熱、去除味道後，再在油裡添加氫，使之硬化後的加工油脂。這種幾乎百分之百油脂成分的白色、無色無味的油脂，爲了防止氧化而會再混進氮氣，並以固體油脂的狀態供給到一般市場。

乳瑪琳可以就這樣直接塗在麵包上食用，目前用於料理、點心、麵包加工等許多用途上；而另一方面，起酥油不含水分和乳製品成分，沒有味道所以沒辦法直接食用，除了用於點心、麵包加工以外，也會用於甜甜圈或其他炸物。

那麼來比較看看使用了百分之百奶油的麵團，和使用了百分之百起酥油的麵團吧。先不提味道和香味，首先在口感上明顯就有區別。使用了起酥油的餅乾，從麵團的階段開始就黏性較低，烤好的餅乾也是口感輕而酥脆，這種特性被稱爲油脂的起酥性。起酥油的語源是來自英文的shorten（變脆、變輕），現在也已是一種人造油脂的名字。雖然所有的可塑性固體油脂都有共通的起酥性，但起酥油的此一特性最爲明顯。

起酥油對麵包產生的效果，雖然酥脆感不像餅乾或比司吉那麼顯著，但和使用奶油或乳瑪琳的情況相比，起酥油的添加量愈多，就經驗來看，麵包的口感確實也會變得比較脆。

那麼爲什麼使用了起酥油，就會讓麵包的口感變脆呢？爲了理解這點，首先我們得先了解奶油和乳瑪琳等可塑性固體油脂的兩個特性，一是在麵團中的麩質和麩質之間，油脂可以做出膜來包覆麩質，防止麩質之間黏在一起的同時，也減少麩質之間的摩擦，而使得麩質間更爲滑順；第二點是透過防止麩質間黏在一起，低分子化的細長麩質鏈因而增加，而根據以上的特性，麵團發酵或烘烤時可以保住氣體（含氧氣）的體積也增加了，所以最後烤出的麵包口感比較脆。

另一方面，在近幾年研究中還發現，起酥油還有跟其他可塑性固體油脂不同的一個特點，它並不是作爲麵團中麩質之間的膜而存在，而是會化爲數微米（µm）至數十微米（µm）的起酥油滴，均勻擴散到麵團中，包括氣泡中。這裡隱藏了起酥油能讓麵包帶有酥脆口感的祕密。換言之，起酥油會在點心或麵包的麵團中，以大小不等的油滴的狀態擴散到各個角落，烘烤時這些油會一度溶解，使得油滴附近的麩質吸收了油，而結構也因此變得脆弱。可以說這種現象就是造成餅乾、比司吉的酥脆感，以及麵包較為酥脆口感的原因吧。

另外，起酥油和奶油及乳瑪琳不同的地方是，它完全不含水分及其他固體成分，是百分之百由脂肪球所構成的，一般也認為起酥油因此在麵團中容易以單純的油滴形態存在。

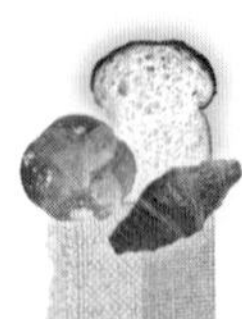

「脂」是飽和脂肪酸，「油」是不飽和脂肪酸

油脂的脂質主成分是甘油（glycerine）和三種脂肪酸分子透過酯鍵形成的三酸甘油酯（中性脂肪）（圖3—19）。

脂肪酸是構成脂質的重要成分，食品中的脂肪也有九成是由脂肪酸構成。肉的脂肪、乳脂肪、魚油、植物油等乍看是不同的脂肪，但成分幾乎都是脂肪酸。脂肪酸有很多種類，只要結合的碳數量和碳之間的雙鍵數量不同的話，性質就會改變。母乳與牛乳、植物油、動物油、魚油等脂質的種類，大多是由酯鍵數多的脂肪酸中，依據三種脂肪酸的組合來決定。

另外，脂肪酸大部分可分為大的飽和脂肪酸（結構上沒有屬於不飽和的雙鍵、三鍵）

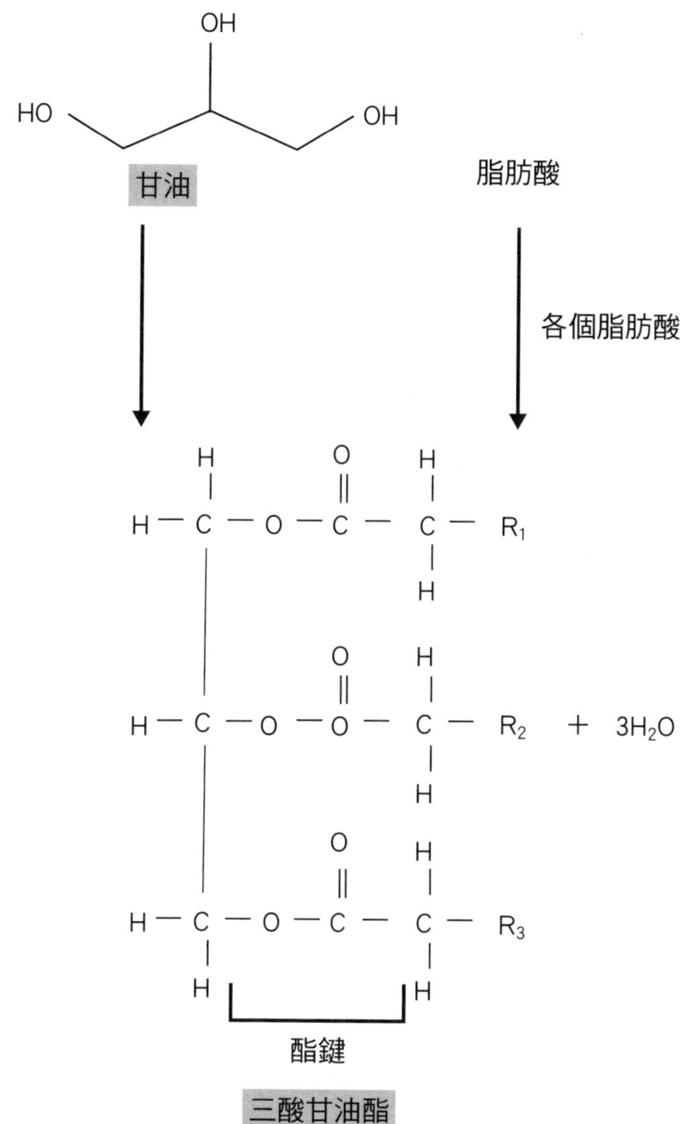

圖 3-19　脂質的主要成分「三酸甘油酯」

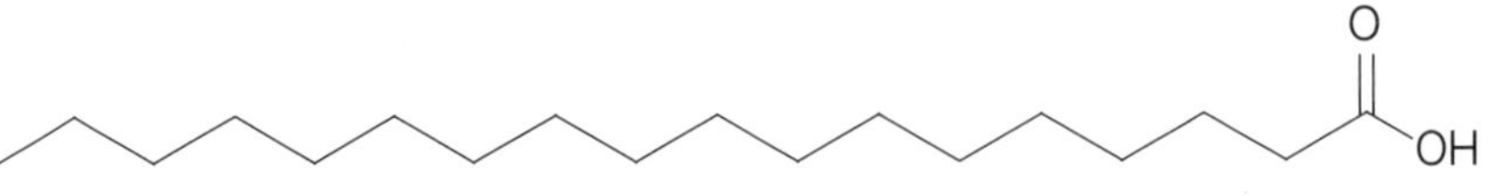

飽和脂肪酸：碳鏈上沒有雙鍵或三鍵

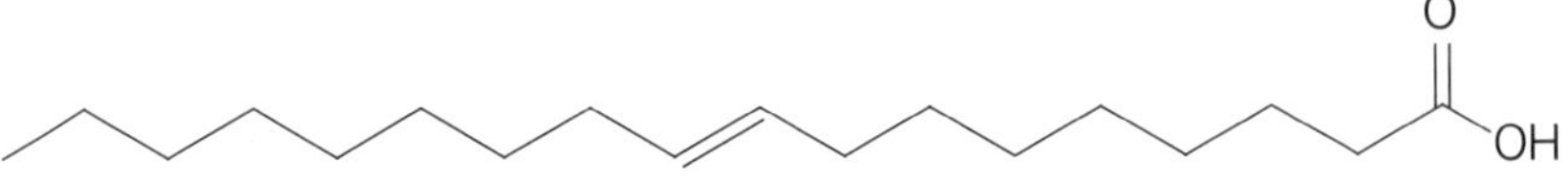

不飽和脂肪酸：碳鏈上有雙鍵或三鍵

圖 3-20　飽和脂肪酸及不飽和脂肪酸的結構式

及不飽和脂肪酸兩大類。不飽和脂肪酸還可進一步分成單元不飽和脂肪酸（有一個不飽和鍵），以及多元不飽和脂肪酸（有兩個以上的不飽和鍵）。所有的脂肪酸都是由碳（C）、氫（H）、氧（O）三種原子構成的，標示爲CnHmCOOH。這個脂肪酸鏈的一端有甲基（CH_3-）甘油和酯鍵結合的一端則有羧基（-COOH）（圖3—20）。

飽和脂肪酸沒有碳的雙鍵，分子結構也是呈飽和狀態，是性質穩定的脂肪酸。安定狀態的脂肪酸熔點（油脂融化的溫度）高，在常溫下（二十五度C）會呈現固體，而由這種飽和脂肪酸構成的就是「脂」。

不飽和脂肪酸擁有碳的雙鍵，分子結構上是不安定的狀態。這個不安定狀態導致熔點低，在常溫下是以液體形式存在的。由不飽和脂肪酸分子構成的被稱爲「油」。

順帶一提，「油」和「脂」雖然在日文中讀法幾乎一模一樣，所以變得很難分辨，但英文簡單地分別稱為「oil」（油）和「fat」（脂）。

含有反式脂肪酸的油千萬不能吃？

在這裡稍微解說一下所謂的反式脂肪，一種不飽和脂肪酸。提到用在麵包上，含有反式脂肪酸的油脂，其代表是乳瑪琳或起酥油。作為原料的植物油及部分動物油被高溫加熱（二百度C）並去除了味道，再添加氫而固體化，最後被稱為硬化油。將常溫下是液體的不飽和脂肪酸，透過工業方法變成常溫下是固體的飽和脂肪酸，在本來的分子結構上增加相當大的負擔而製造出來的產物。自然界存在的不飽和脂肪酸，碳之間的雙鍵部分（−C=C−）的各碳原子，其多出的鍵會一個個和氫原子連結，如果結合都在同一側就稱為順式（cis：同側的意思）；相對地，工業所製造出的硬化油，在製造過程中雙鍵部分連結的氫原子會在對角位置，而變成所謂的反式（trans：橫越的意思）（圖3—21）。這種不飽和脂肪酸就叫做反式脂肪酸。

反式脂肪酸被視為可能對健康有害的物質，而經常成為話題。其被如此認定的可能

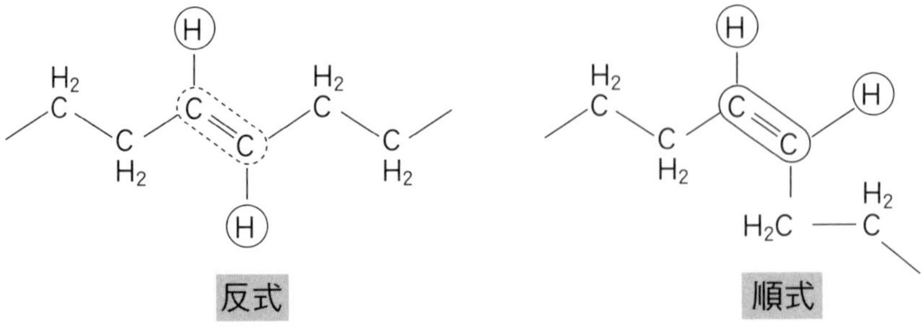

圖 3-21　順式和反式的結構

原因有二：一是因人體沒有必要攝取反式脂肪酸，所以工業合成出的反式脂肪酸不容易被人體代謝，而會堆積在體內。根據研究報告，依據反式脂肪酸的性質，如果長期過量攝取，不只是血中的ＬＤＬ（壞膽固醇）會增加，ＨＤＬ（好膽固醇）也會減少，使得動脈硬化等心臟疾病的罹患可能性變高。

因此ＷＨＯ（世界衛生組織）、ＦＡＯ（聯合國糧食及農業組織）等爲了促進心血管系統健康，建議從食物中攝取的反式脂肪酸一天最好不超過當日總熱量的百分之一。這數字以日本人平均攝取的每日總熱量二千kcal來說，大約就是不到二公克的程度。二〇一五年日本內閣府食品安全委員會所發表的日本人平均反式脂肪攝取量爲零點七公克，占總熱量的百分之零點三，攝取量最高的美國約爲五點六公克，占總熱量的百分之二點二，食品安全委員會以這個統計來判斷，日本人如果飲食生活一般，對健康的影響不大。

另外，現在日本的油脂工廠在製作乳瑪琳和起酥油時，不是像過去一樣將氫添加到麵包裡，使硬化油或精製油固體化，而採用了「酯交換反應」這種技術，因此可以利用製作不會產生反式脂肪的方法來製造硬化油。

以下是筆者個人淺見，近年來社會上對反式脂肪的反應很大，但要是想防患未然，不只是擔心而已，還要注意選擇脂肪含有較多飽和脂肪酸的肉、醣類、鹽分，對於攝取量進行客觀、綜合的判斷，而注意不要攝取過多。

四個配角 ③蛋的科學

多棲型藝人：蛋黃

蛋是接在醣類、油脂、乳製品之後，讓麵團更加多元的極佳材料之一，特別是蛋黃有各式各樣的效用。

如果查看標示蛋白質營養價值的蛋白質價（Protein Score），就可以知道整顆蛋是最大值一百。所謂的蛋白質價是以人體自己不能合成，一定要從食物中攝取的八種必須胺基酸爲判斷依據，標示該種食物是否能均衡攝取這些必須胺基酸的一種指標，也可以從中得知營養價值的高低。

其中占了整顆蛋百分之三十五至四十的蛋黃，其平均成分比重爲水分百分之五十、脂質百分之三十、蛋白質百分之十五、其它（礦物質、維他命等）百分之五。而脂質再加以細究的話，中性脂肪占百分之六十五、磷脂質（卵磷脂）占百分之三十、膽固醇占了百分之五以上。

蛋黃中有豐富的類胡蘿蔔素色素，這會將蛋黃染成黃色，蛋黃的黃色則由雞所吃的飼料來決定，如果飼料的玉米成分多就會變得很黃，而紅椒或甲殼類多一點就會比較紅，蛋黃中的紅色加在黃色中，就會讓蛋黃看起來像橘色。類胡蘿蔔素代表自然界中廣泛存在從黃色到紅色的天然色素群，其名稱則來自含有黃色色素的胡蘿蔔（carrot）。

蛋黃中所含有的類胡蘿蔔素主要分爲葉黃素類和胡蘿蔔素，胡蘿蔔素的含量不超過百分之二至四，大部分還是葉黃素類。葉黃素類中有黃色系和紅色系兩種類型，多半來自玉米或紅椒。另外，色素少的飼料會讓蛋黃顏色比較淡，變成駝色或奶油色等偏白的顏色。不管是哪種，蛋黃的顏色都跟營養價值沒有關係，所以營養價值幾乎沒有差別。

蛋黃在麵包中的作用，包括提供蛋黃的美味（風味）、綜合性營養、還有讓烤麵包色更鮮艷及使麵包芯帶有一些黃色、還有改善麵團乳化等四種。前三個應該就不需要再多說明了，因此省略，這裡只討論最後的麵團乳化。

一般所說的乳化，指的是將像水和油那類不容易混合的物質平均地混合在一起。這時在水跟油交界的地方發揮作用的就是乳化作用物質，在食品業界中稱爲「乳化劑」，而化妝品或清潔劑產品等則稱爲「界面活性劑」。界面活性劑的「界面」指的就是物質間的交界處，也就是像水跟油這種不會混在一起的液體的交界處。界面活性劑會在這個地方發揮功用，讓平常不會混合在一起的物質，混合成乳白色的液體（乳化液）。這種「乳化」有分爲「水包油型（O／W）」及「油包水型（W／O）」兩種類型。例如牛奶或美乃滋等是油被水包圍，那就是「O／W型乳化」，奶油和乳瑪琳等則相反，是水被油給包圍，稱爲「W／O型乳化」（圖3－22）。

作爲乳化劑的卵磷脂，在自然界的所有動植物細胞中都能找到，它的名稱由來是希臘語中「蛋黃」意思的lekithos。食物中使用的卵磷脂大部分都是從蛋黃或大豆而來，

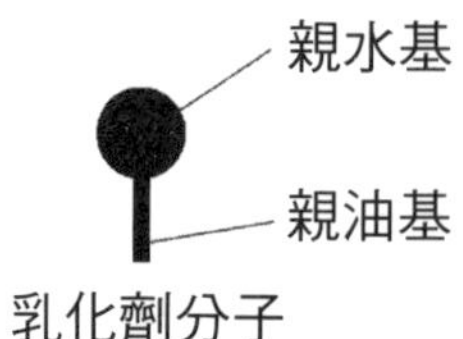

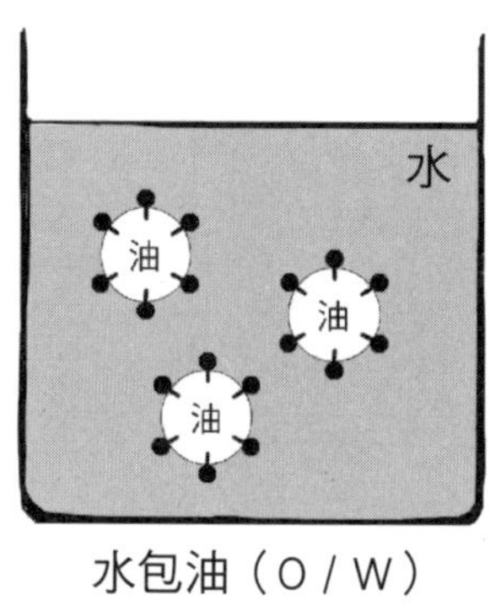

圖 3-22　乳化劑及水包油、油包水

也就是天然的磷脂質（脂質中含有一部分磷酸）。特別是蛋黃的卵磷脂可以製造出讓油分散到水中的乳濁液，乳化力很強，在麵團中也可以保持安定的乳濁液狀態。

卵磷脂分子中有「脂肪酸」「甘油」「磷酸」「膽鹼」這四個部分（圖3—23）。卵磷脂的特徵是分子一端的脂肪酸具有親油性，另一端的膽鹼則擁有親水性。在水跟油的交界，卵磷脂親油基的脂肪酸會插入油中，而親水端則插入水中，彷彿是卵磷脂在左擁右抱（只是它是一手抱油、一手抱水）般，擔任了仲介的角色。換言之，「水

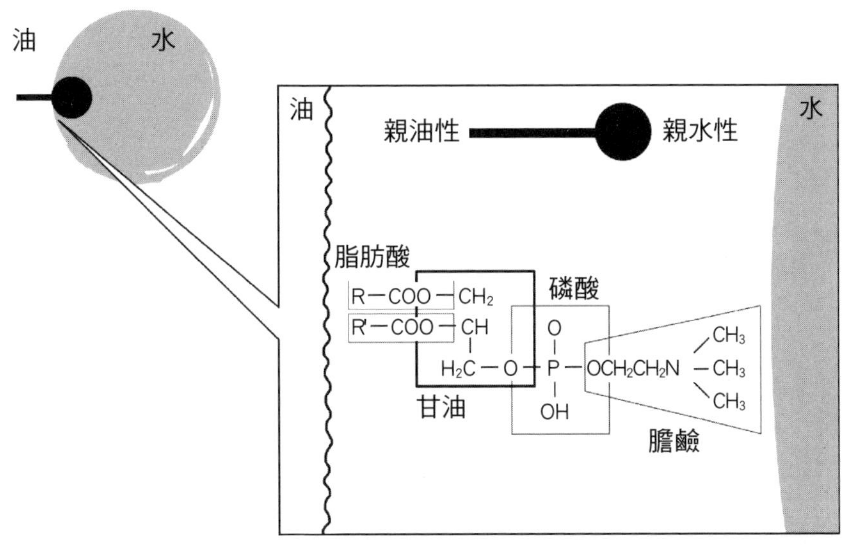

圖 3-23　卵磷脂的結構式

包油型（O／W）」和「油包水型（W／O）」不管哪一種，都是由很多的乳化分子將兩端分別插入油或水中，固定住水分子跟油滴。就這樣水和油會逐漸擴散而讓液體變成白濁狀，並能維持這樣的狀態。

添加了蛋黃的麵團在攪拌時，蛋黃中的卵磷脂會發揮乳化劑的作用，促進成分乳化。這裡所謂的麵團中的乳化，是指水分子跟油滴擴散到麵團中，並因卵磷脂而變成水包油型（O／W）。在這種狀態下油擴散到麵團中的話，就會讓麵團變得更柔軟滑順，也會提高延展性。這樣的麵團在發酵中會拉長，而烘焙時的烘焙張力（參考P172）變大，結果是烤好的麵包份量會更大、更鬆軟的感覺。

食用時的柔軟感跟酥脆、在口中融化的感覺也會更好。另外，被卵磷脂乳化的水包油型（O／W）乳濁液，會浸潤到澱粉的微胞結構中（參考P67），並讓微胞結構的收縮狀況比較緩和，也就延緩了澱粉的老化。以結果來說，就是麵包的硬化會變得比較慢，所以麵包的保存時間可以更久。

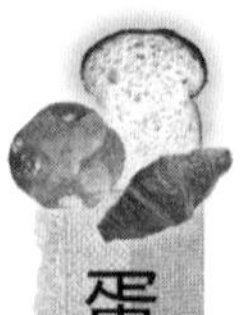

蛋白對麵包來說是必要的嗎

至今為止說明了蛋黃的許多作用，而這可說是胖麵包不可或缺的副材料。

那麼蛋白又如何呢？說來丟臉，筆者以前曾認為蛋白對麵包或麵團來說是沒有用的東西，但先說結論的話，依據麵包種類並且適量添加的話，可說是必要材料。蛋白占了整顆蛋的百分之六十四左右，其中約百分之九十是水分，剩下的百分之十是固體成分。固體成分中有百分之九十是蛋白的蛋白質，而其中又有百分之五十四左右是被稱為卵蛋白素的蛋白質。蛋白的發泡性（應用於蛋白霜跟海綿蛋糕）及熱凝固性（讓點心麵團等在烤完後變硬的作用），都被認爲與卵蛋白素有很大的關係。

通常麵包會使用全蛋或主要使用蛋黃，所以幾乎沒有只添加蛋白的情況。另外也有很多麵包不需要用蛋，所以以下談論的狀況，都是以加全蛋爲前提進行的。假設有一條最常見的土司A（配方中不含蛋），以及麵團中添加對麵粉重量比例百分之五蛋白的土司B，在同樣的條件（一百公克使用圓形麵包模具成型）下進行試烤後，比較其成品，結果是土司B會比土司A的體積還要大一些，麵包的彈性也會強一點，放在手掌上並從上方用同樣程度加壓的話，變回原狀的恢復力也比較強。另一方面，土司A當然也是很好吃的麵包，不過烤完後過了一小時，麵包體側面的小細紋會比土司B來得多，也就可以得知側邊的組織是比較脆弱的。

所以考量整體性的話，以卵蛋白素爲主的蛋白中蛋白質，大概在八十度C左右會完全凝固、變白變硬，所以蛋白和麩質同樣會發揮成爲麵包骨幹的作用。只是蛋白的量如果超過總量的百分之十，就會有蛋白味，而蛋白特有的Q彈強韌感和沙沙的感覺也會增加，使得口感變差。

包含感官方面的評價，我的一己之見是麵包製作中的蛋白添加量，應該控制在相對麵粉重量的百分之十以下，可以的話，控制在百分之五前後會最好。另外，雖然會比較費工一點，但如果個別調整麵包的蛋黃配方用量，口感和風味都會更佳，我個人相當推薦。

四個配角 ④乳製品的科學

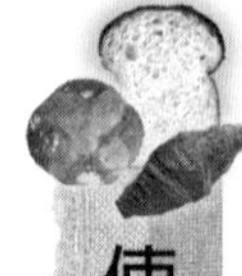

使用在麵包中的乳製品

說到乳製品，牛奶、奶油、鮮奶油、優格及起司等最爲常見，其中奶油可被分類於乳製品及油脂兩個類別，在製作麵包時通常會被當作油脂來使用。而製作麵包時最重要的乳製品代表或許會令人意外，那就是「脫脂奶粉」。日本市場上通常都以「skim milk」的產品名來販售粉狀牛奶，是日本特殊的叫法。麵包跟點心不同，不會使用太多牛奶、鮮奶油、優格、起司（包括起司粉、奶油起司等）。雖然也有用來夾在麵包裡或塗奶油的情況，但如果是添加在麵團中的話並不會太多。

許多麵包使用脫脂奶粉的理由，例如有成本較低、使用方法簡便、方便長期保存保管等，乳製品所扮演的角色例如有改善麵包皮顏色，還有提供乳製品的味道及添加營養成分（鈣、還有必須胺基酸的離胺酸之類）等。

不論是中文或英文，脫脂奶粉（NFDM：nonfat dry milk）都如其名，是將牛奶透過離心機去除乳脂肪成分後的成品。去除大半乳脂肪的稱爲低脂牛奶，而將其冷凍乾燥或噴霧乾燥後做成粉末，就是脫脂奶粉。日本的「牛奶或乳製品成分規格相關法令」（厚生勞動省制訂，可簡稱乳製品法令）中，有訂出低脂牛奶的標準爲乳脂肪要在百分之零點五到百分之一點五間，順帶一提，牛奶的乳脂肪是在百分之三以上，奶油（cream）在百分之十八以上，奶油（butter）則是百分之八十以上。

關於前面提到的skim milk，這裡也再多說一些。事實上，一般市場所販售的skim milk，嚴格來說跟脫脂奶粉是不同的東西，雖然成分相似，但skim milk考慮到便利性，會加工成易溶於水的形式；而另一方面，業務用的脫脂奶粉則不是很容易溶於水，因爲那樣接觸到溼氣後很快就會結塊，所以是給專業人士使用的。

乳糖跟乳蛋白

乳糖是指牛奶中所含有的醣類，它占了牛奶中固體成分的約三分之一。乳糖是由葡萄糖及半乳糖所形成的雙醣，甜度約是砂糖（蔗糖）的三分之一，幾乎不會覺得甜。實際上添加在麵包裡也不是爲了當甜味劑，要說的話是爲了增添風味而使用。另外，酵母也沒辦法分解、代謝乳糖，所以乳糖完全不會參與發酵過程，而會以乳糖的形式留在麵團中。

雖然乳蛋白占了牛奶固體成分的三分之一不到，但這之中有百分之八十是酪蛋白，剩下的百分之二十是由乳清蛋白構成。酪蛋白是由存在於牛奶中、表面爲親水性的酪蛋白微團（零點一至零點三μm）所形成的。酪蛋白微團是由十幾個酪蛋白凝聚成小顆粒狀的膠微粒，而聚集很多膠微粒就成了酪蛋白微團。這個酪蛋白微團究竟爲何重要，就是因爲微粒會將鈣保護在顆粒中，因此牛奶中的鈣不會沉澱，而會跟酪蛋白微團一起平均地漂浮在牛奶中（圖3－24）。

酪蛋白在優格或是起司的製造過程中也是主角，牛奶如果加了乳酸菌，乳酸菌透過乳酸發酵所形成的乳酸就會讓酪蛋白凝固（凝膠化）。而擁有乳糖、乳蛋白、乳脂肪等

膠微粒
酪蛋白分子的集合體

磷酸鈣團簇
膠微粒堆形成的結構
鈣和磷酸的複合體

疏水端

κ - 酪蛋白
疏水的 κ - 酪蛋白頭部分會進入蛋白質中，而親水的尾巴部分則會漂浮在水中。

親水端

酪蛋白微團的結構模型

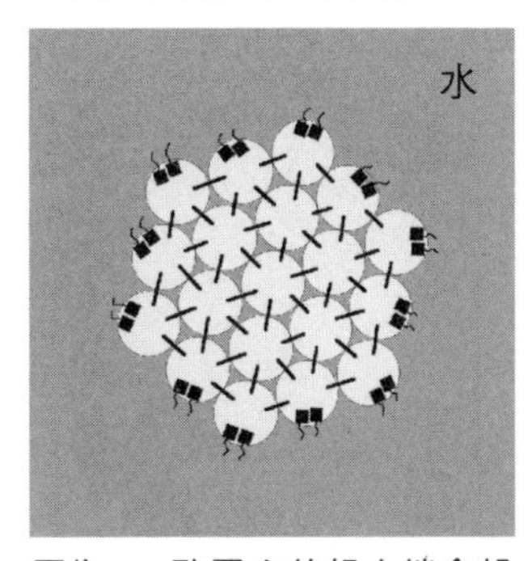

因為 κ - 酪蛋白的親水端會朝外排列，整個微粒會保有親水性。

圖 3-24　酪蛋白微團的結構

成分的優格也就因此完成了。此外，如果讓凝乳酵素（擁有蛋白質分解酵素「凝乳酶（chymosin）」和「胃蛋白酶」的凝乳酵素）在牛奶中發揮作用的話，凝乳酶可以切斷有親水性表面的酪蛋白微團的某些部分，並讓原本鎖在裡面的疏水性部分露出來。而這麼做的結果是酪蛋白微團的疏水性部分會連結在一起，而不只是酪蛋白微團，水分子跟脂肪球也會被拉進去而凝固成白濁狀的凝膠，那就是起司的來源。

順帶一提，在這過程中產生的乳清，就是起司榨出來的汁液。能溶於乳清的水溶性蛋白質群就是乳清蛋白

（主要爲乳球蛋白、乳白蛋白、乳鐵蛋白等），雖然對乳清蛋白使用酸或酵素幾乎不會凝固，但加熱的話在六十度C左右時會熱凝固，而牛奶加熱後表面會出現薄膜，這些跑到牛奶表面的東西，就是以乳球蛋白爲主的乳清蛋白在熱變性並凝固後的產物。另外，因加熱而比重變小、在牛奶表面附近的脂肪球和糖分也會一起被捲入並凝固，使得薄膜的量增加。這個產生膜的現象就稱爲「冉斯登現象（Ramsden phenomenon）」。

概括起來的話，乳蛋白可分爲酪蛋白和乳清蛋白兩大類，在乳蛋白中占了百分之八十的酪蛋白會因酸或酵素而凝固（膠化），剩下的百分之二十乳清蛋白則是水溶性，並會因熱而凝固。

乳糖跟乳蛋白的協力合作

脫脂奶粉的一個重要作用是改善麵包的外皮顏色，這跟在糖的環節中有敘述過的梅納反應有關。

梅納反應會在麵包皮部分發生褐變反應而有很大的影響力，其源頭是「胺基化合物」（擁有胺基的物質，如胺基酸、蛋白質等）和「還原糖」（擁有還原基的糖，如葡萄糖、果糖、麥芽糖、乳糖等）結合後產生的複合體。這個複合體不斷重覆分解、氧化、重合等複雜反應後，便完成了「褐色物質（梅納汀）」（紅、黃褐色的色素），這就是麵包皮褐變反應的源頭。另外，梅納反應生成的物質中含有許多香氣成分，所以也會讓麵包香氣更有魅力。

以麵包來說，梅納反應通常在一百三十至一百六十度C會發揮最大作用，由脫脂奶粉中的乳蛋白及乳糖發生的梅納反應，會發生在相對較低的一百度C左右。另外，超過一百二十五度C會發生乳糖的焦糖化並開始上色，而其它材料產生的焦糖化會在比較低的溫度發生。所以顏色方面也會形成比較溫和的紅黃色，麵包外皮整體上會是均勻的顏色。

4

麵包製法的科學

——材料及技法的相逢

如同第二章簡單提到的麵包歷史，現在主流的麵包製法有「直接法」和「中種法」兩種，這兩種使用酵母的方法，幾乎同時期在美國被開發出來，並由距今超過一百年前的美國陸軍所發行、完成度極高的實用手冊所介紹——那就是第一次世界大戰時爲了準備前往歐洲戰場，一九一六年十一月在史考特將軍（H.L.Scott）命令下製作的《Manual for Army Bakers, 1916》。以下筆者會將翻譯的內容加上一些現代用語，來介紹這兩種製作法。

■直接法（Straight Dough Method）

直接法是將所有材料都一起加入，在一次攪拌中完成麵團的製作法。一九〇〇年左右歐洲及美國開發出工業方法製造的新鮮酵母，便成爲這種劃時代製作方法開發出來的契機。以往都要花上幾天才終於能烤麵包，也就是只有「透過麵種來製作麵包」這種做法，而能產出大量二氧化碳的麵包用酵母可以被培養出來，使得菌數有了天文數字的成長。結果是麵團的發酵、膨脹時間都可以在短時間內完成，整體程序的所需時間也顯著地縮短。托此之福，快的話二至三小時，慢的話也只要五至六小時，就可以烤出麵包了。單獨培養麵包酵母，並誕生了工業化製造的酵母，距今已經約有一世紀，今天直接法在全世界發展，已被視爲麵包的基本工法。

圖4－1所顯示的就是直接法的製程，以下就來加以解說。

◎麵團攪拌（dough mixing）

攪拌指的是依據想製作的麵包，揉出適當的麵團。依據麵包種類會有不同製法及配方，攪拌程度也有所不同。「直接法」因爲是將所有材料都一起加入攪伴，一次完成麵團，所以會相對比較確實地揉。

◎麵團發酵（dough fermentation/floor time）

攪拌完成的麵團要經過適度發酵、膨脹。麵團中的酵母會透過酒精發酵而產生二氧化碳，並被保留在麵團中。隨著二氧化碳產生愈多，會讓麵團愈發膨脹。另外，這個階段也被稱爲「floor time（延續發酵）」，這是因爲過去放置麵團的揉麵桶或發酵桶會被放在地板上（floor）的關係。

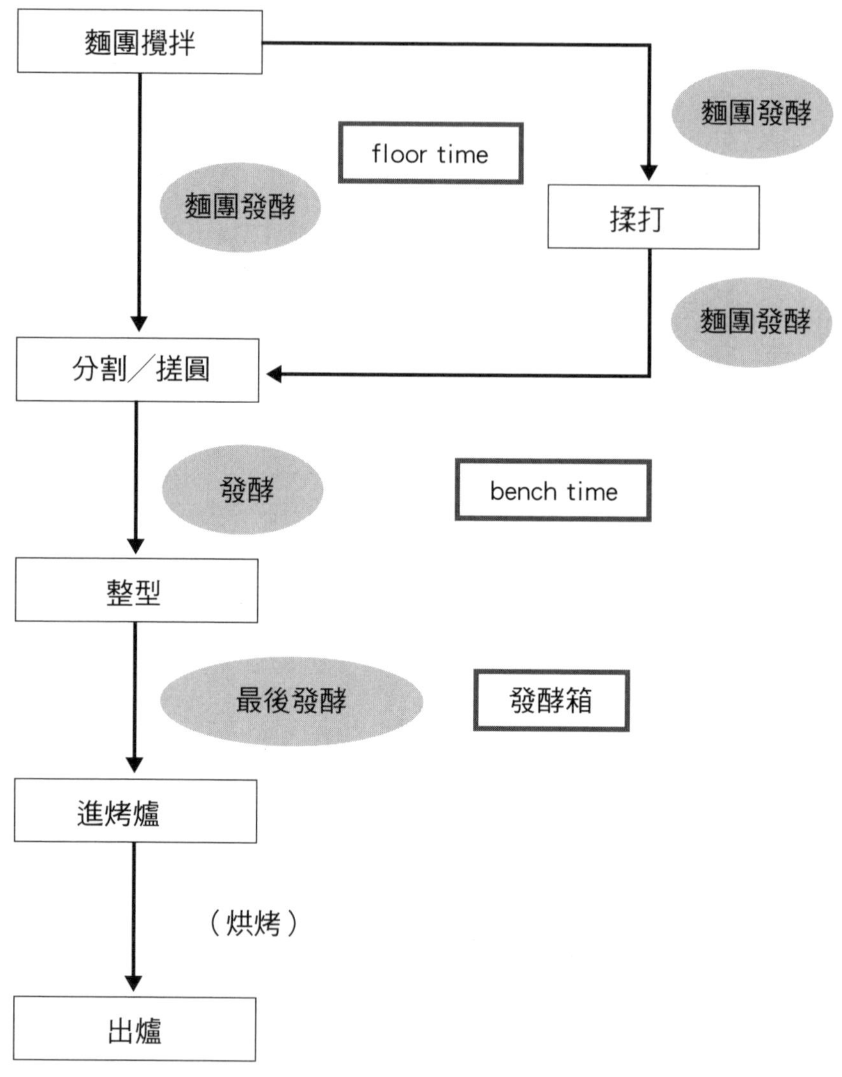
麵團攪拌
麵團發酵
floor time
揉打
麵團發酵
麵團發酵
分割／搓圓
發酵
bench time
整型
最後發酵
發酵箱
進烤爐
（烘烤）
出爐

圖 4-1　直接法的製程

◎揉打／排氣（Punch）

原則上「直接法」會在麵團發酵時進行排氣（Punch），但也有時不會這麼做，這時就稱爲「無排氣」，排氣的方式是拍打膨脹的麵團，加壓後折疊麵團，再放回容器中，再次讓麵團發酵。排氣的目的有兩個，一是讓麵團內的二氧化碳釋放，並吸收進新的氧氣，使酵母能繼續活化；另一個是讓麵團因膨脹而弛緩的麩質組織，透過被敲打折疊這種物理外力，讓麩質組織再度恢復緊繃。

另外，進行排氣的時候，依據麵團特性和狀態，也需要調整排氣量的大小及方法，因爲排氣後的麵團也會再發酵、膨脹，所以有時排氣前後的發酵名稱會分別用「一次發酵」和「二次發酵」，或者是「前發酵」及「後發酵」來稱呼。

◎分割、搓圓（dividing & molding）

「分割」指的是把發酵好的麵團依據一定重量切開成小塊，「搓圓」就是把分割好的麵團在維持表面有張力的狀態下，加工成（一般是）球狀的過程。通常分割後的麵團會直接搓圓並排列到麵包箱中或是烤盤上。之所以會做成球狀，是因爲手工作業可以很快就透過搓圓做出同樣的形狀，整型後的應用範圍也大。另外，搓圓時有時會因應麵團

攪拌前秤量

材料	小麥粉使用總重量與相對比例	重量（算式）
小麥粉	100.0%	4,000g (4,000gx100/100)
食鹽	2.0%	80g (4,000gx2/100)
即溶乾酵母	0.4%	16g (4,000gx0.4/100)
麥芽萃	0.5%	20g (4,000gx0.5/100)
維他命 C	5ppm	0.02g (4,000gx5/1,000,000)
水	68.0%	2,720g (4,000gx68/100)
(合計)	約 171.0%	約 6840g (4,000gx171/100)

*1ppm (part per million) =1/1,000,000

表 4-1　麵團配方例：法國麵包

特性，調整球形的張力強弱程度和形狀（球形或蛋形等）。

◎靜置發酵（bench time）

靜置發酵（bench time）指的是讓搓圓後的麵團放鬆，並恢復其延展性的那段時間。搓圓後的麵團會因麩質組織的彈性、復原性強而無法立刻進行整型。因此，這時候就是要讓麵團發酵，使麩質組織可以鬆弛，讓麵團的延展性再度恢復。實際上，在靜置發酵（bench time）結束後，麵團會漲成一倍大，因此我們可以得知是麵團發酵，才讓麵團膨脹了。以前這些分割搓圓的麵團會放在工作台（bench）旁靜置並等待整型，所以在麵團搓圓到整型這之間的階段就稱爲bench time。

◎**整型（make-up）**

靜置發酵結束後的麵團會被加工成各種形狀，基本的形狀有球狀、橢圓球狀、棒狀、板狀、包著東西等各種樣式，會依據最終成品的形狀來決定整型的形狀，整型好的麵團會擺在烤盤上，或者是塞進麵包模中。另外，如果是直火窯烤麵包（直接把麵包放在窯床上烘烤的方法），會把整型好的麵團用發酵布隔開（用一塊大片的布拗出許多布稜，把整型好的麵團區隔開的方法），或者放進發酵籃中進入最後發酵（二次發酵）階段。

◎**最後發酵／發酵箱（final proof）**

最後發酵指的是讓整型後麵團進行最後一次發酵的期間。這階段需要讓烘烤前的麵團膨脹到需要的大小，所以正確掌握麵團發酵狀態是很重要的。舉例來說，最後發酵不足的麵團，在烘烤時不會產生烘焙張力（指因溫度上升而更加膨脹），最終體積就會不夠大，而過度發酵的麵團則會讓麵包形狀跑掉。如果麵團發酵到超過其物理特性，則會失去保留氣體的能力而使二氧化碳漏出，最後麵包就會變得乾癟。在英文中說是麵包「down」了。

◎烘烤（**baking**）

這階段就是將發酵好的麵團放入爐中，加熱一定時間後烤出麵包，從進爐中到出爐爲止的時間稱爲烘烤時間。

■中種法（Sponge-dough method）

中種法是在第二次世界大戰後，從美國傳入日本的技術、品牌的製作法。中種（Sponge）是發酵種的一種，這種作法會先用占全體用量百分之五十至百分之一百的小麥粉和水、酵母來製作中種，這個中種要發酵一至七十二小時（通常爲一至四小時），再加入配方剩下的部分，來製作出麵團（圖4－2）。

日本的中種大致可分成土司類及點心類兩種大系統，前者稱爲中種，後者稱爲加糖中種。一般土司類中種，會使用全部用量百分之七十至八十的粉，和水、酵母來製作中種。另一方面，日本特有的點心類中種和土司類中種不同的是，會使用整個配方量

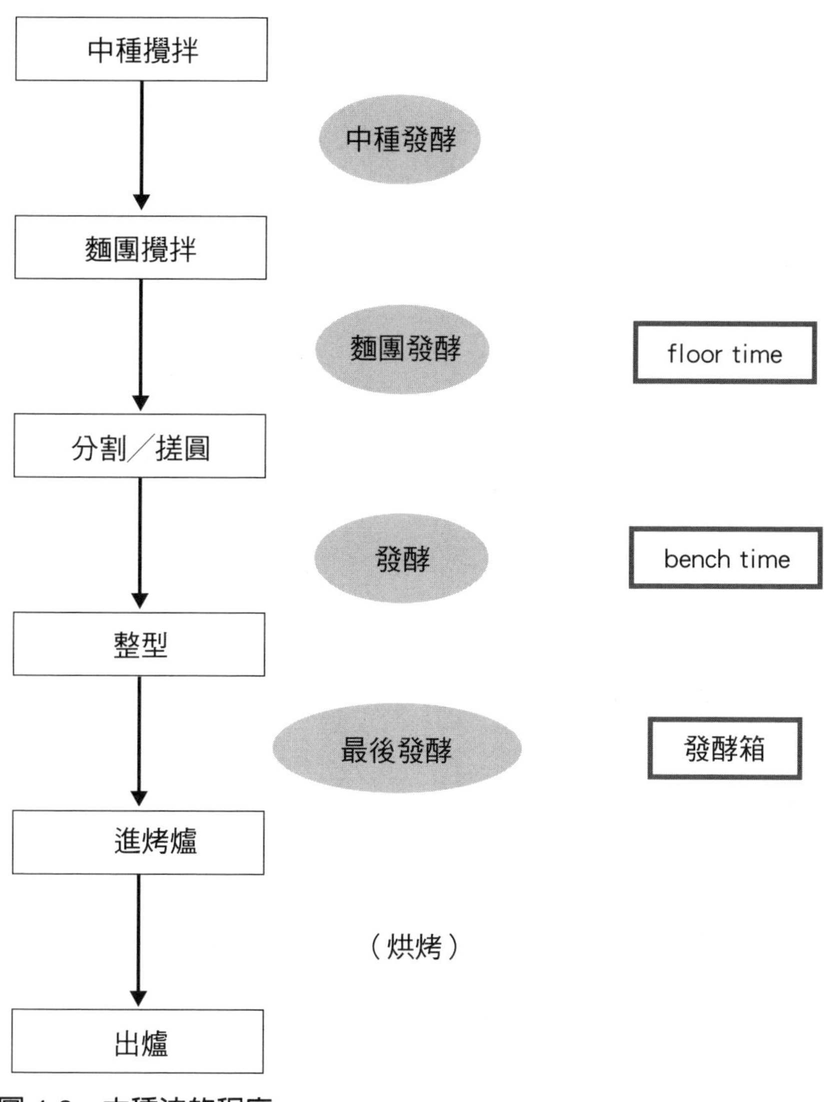
中種攪拌
中種發酵
麵團攪拌
麵團發酵
floor time
分割／搓圓
發酵
bench time
整型
最後發酵
發酵箱
進烤爐
（烘烤）
出爐

圖 4-2　中種法的程序

中種用量

材料	小麥粉用量相對比例	重量
小麥粉	70.0%	1.400g (2,000gx70/100)
生酵母	2.0%	40g (2,000gx2/100)
水	45.0%	900g (2,000gx45/100)

後續加入中種的用量

材料	小麥粉用量相對比例	重量
小麥粉	30.0%	600g (2,000gx30/100)
砂糖	5.0%	100g (2,000gx5/100)
食鹽	2.0%	40g (2,000gx2/100)
脫脂奶粉	3.0%	60g (2,000gx3/100)
奶油	5.0%	100g (2,000gx5/100)
水	25.0%	500g (2,000gx25/100)
（合計）	187.0%	3,740g (2,000gx187/100)

表 4-2　麵團配方例：土司

的百分之五至十的糖分（多爲砂糖）、或者有些時候會加入蛋、油脂等來製作中種。日本甜麵包的糖分所占的配方比，通常是占粉的百分之三十，比例相當高，如果再納入醣類的話，麵團本身會變得相當高濃度、高滲透壓。結果恐怕是酵母的細胞壁會被破壞，而酵母的活性也會降低（參考P82），因此，爲了避免這種情況，才會採用將醣類分兩次各自加在中種及麵團中的方法。

解釋一下圖4－2的用語中，和直接法不同的部分。

◎中種攪拌（sponge mixing）

將小麥粉（整體粉用量的百分之五十至百分之一百）和水、酵母等一起攪拌好，就完成了中種。通常在混合麵團材料時，會將材料都均勻地混合在一起。而中種法的話，原則上此時酵母就會被加到中種裡面。

其他麵包製法

今天的日本引入了全世界的麵包，說放眼全世界很少可以看到麵包種類這麼多的國家也不爲過。在麵包製法方面，也有許多從美國及歐洲國家如法、德等國學來的做法。依據國家不同，稱呼也不一樣。如果是擁有獨特性質的製作法，有時就算是同樣製法，也會有不同名字，這次本書便試著整理了這爲數衆多的製作法。

現在的發酵麵包製法可分成直接法、中種法、發酵種法三個大類，發酵種法有液種、老麵麵團、黑麥酸種（一種自家製麵包種）等，依據各自種的性質不同，還有更細分化的製法。另外，中種法嚴格說來其實是發酵種法的一種，但前項也提到，今天中種法通常被視爲世界上最常見的兩大製法之一，多半會將中種法和直接法並列一起介紹，

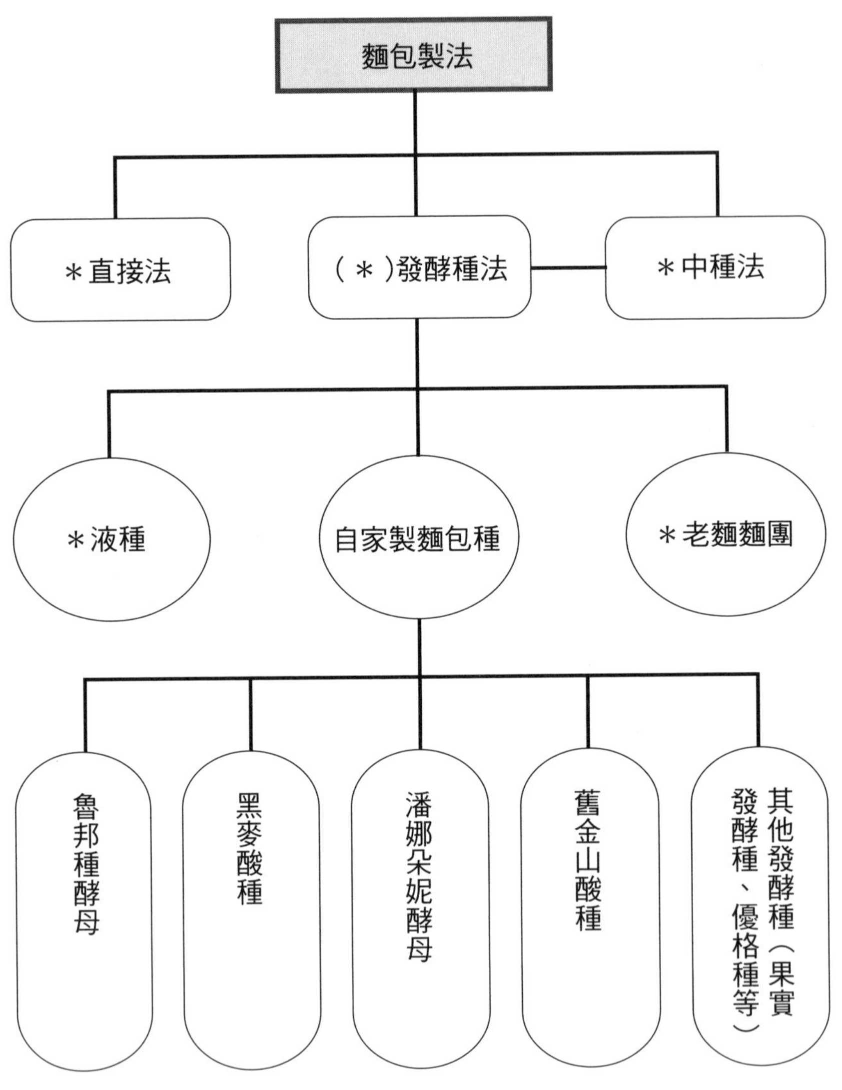

圖 4-3　麵包製法的分類

* 會使用商業用酵母

如圖4—3這樣。

■發酵種法

①液種（polish）

本書所說的液種法，會使用粉整體用量的百分之三十至四十小麥粉，配方大致上和水為一比一，再加上微量的酵母和加了鹽的液種（水種），經過十二至二十四小時發酵、熟成後完成。將剩下的小麥粉和水、酵母等其它副材料也加到液種中，攪拌後就成了麵團。因為是在低溫下進行長時間發酵，會充分反映在發酵產物及材料的味道中，主要是用在法式長棍麵包這類硬麵包，或瘦麵包的配方（圖4—4）。

液種會被稱為polish，是因為十九世紀時波蘭會使用液種的自家製酵母種來製作麵團。一九〇〇年代開始出現商業用酵母，而一九二〇年代法國開發出了使用商業用酵母的液種。似乎是法國將可說是發源自波蘭的液種的這種做法稱為polish法。

另外，在各地也都有使用液種、在短時間內讓拌麵團膨脹起來這種做法的傳統麵包。例如英國或美國的甜甜圈、德國的史多倫、義大利的潘娜朵妮（參考第八章）。各自稱呼液種的叫法也有所不同，像甜甜圈是starter、史多倫是ansatz，而潘娜朵妮為

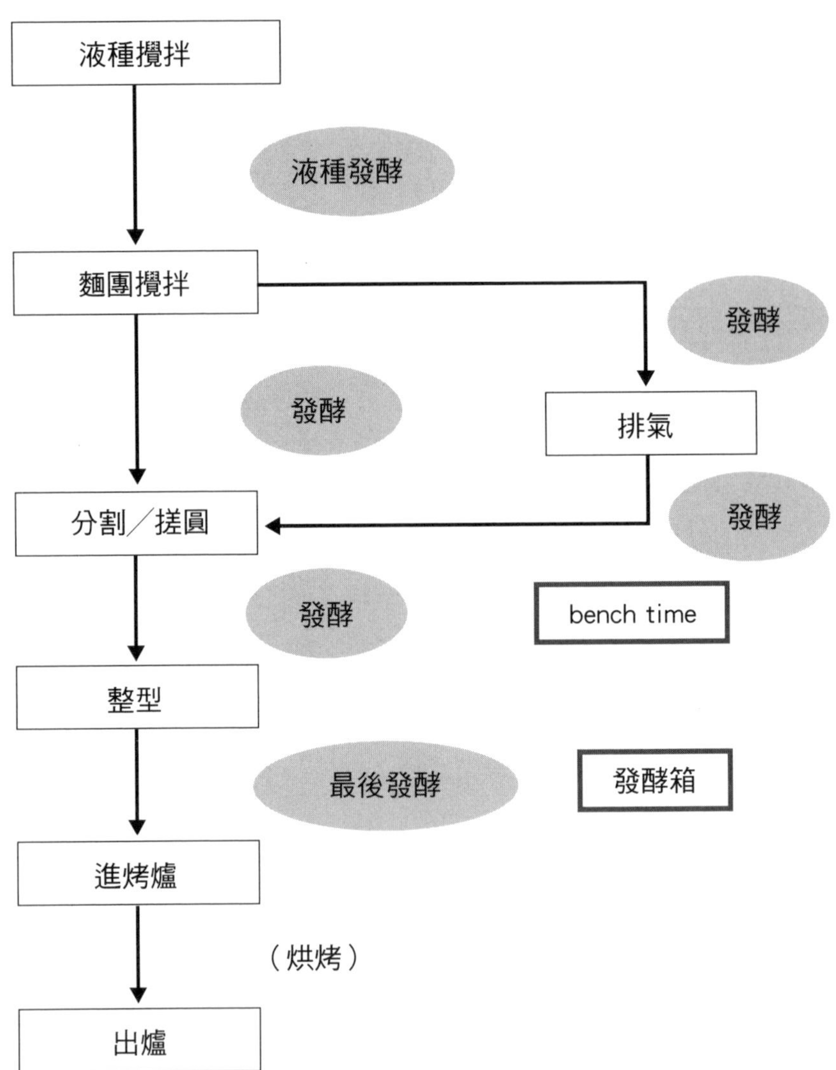

圖 4-4　使用液種的發酵種法製作程序

biga，這些幾乎都是一樣的東西。無論是使用大量商業酵母、在常溫下發酵、在短時間裡發酵，這些都和瘦麵包製法有很大的不同，所以製作方法當然也不同。

②老麵麵團

在本書中的老麵麵團，指的是中種以外的其他所有老麵，在全部用量百分之二十五至四十的小麥粉中，加入商業酵母、鹽、水等製作出種麵團，再透過十二至二十四小時發酵熟成，最後再將剩下的小麥粉、水、酵母等其它副材料加入老麵中，攪拌後完成麵團。跟液種相同，老麵很能反映出低溫、長時間發酵的發酵產物以及食材風味，主要是用在硬麵包類及瘦麵包的配方中。

傳統上例如德國的生麵團（Vorteig）可說是代表性的例子吧。

③自家製麵包種

自家製麵包種及天然酵母的定義有許多種，這裡就將兩者視爲同義來進行說明。爲了製作出自家製麵包種，需要附著在穀類、果實類、葉菜類、根莖類等上面的野生菌類（酵母或細菌之類的），這些菌會被放在養分多的培養基中加以培養。而被培養的菌類會再次被移植到小麥粉或黑麥粉的培養基中，並把最後發酵、熟成的東西用在麵包上，稱為自家的麵包種。

工業製品的麵包用酵母，使用的會是某個屬種或菌種的單一種類，培養時會比較有效率，因此非常多一公克都可以有一百億以上的菌數。另一方面，發酵種中的酵母群或細菌群要一一確認所有菌的屬種是不可能的，就算是菌數，和種類少的菌種培養相比下，一公克可能的細菌量是數千萬至數億個，其差距可達到一百至一千倍。換言之，自家製麵包種所做成的麵團，較缺乏發酵力、膨脹力，必要的發酵時間明顯較長。

雖然自家製麵包種有沒效率的缺點，但也有其優點，自家製麵包種中因為有酵母以外的許多細菌群棲息（如乳酸菌、醋酸菌等），並和酵母共存。用自家製麵包種完成的麵包香味成分，和純粹使用商業用酵母烤出的麵包相比會比較豐富，雖然乙醇的產生量會減少，但相對地，有種類相當豐富的產物，可以提升麵包的風味。本來就會有酒精發酵，另外還加上乳酸發酵、醋酸發酵等產生的有機酸類（乳酸、醋酸、檸檬酸、丁酸等）及芳香族醇類、野生酵母產生的醛類、被稱為乙偶姻的優格、奶油的香氣成分等，這些會帶給麵包很多風味。從發酵果汁來的酯類及梅納反應所產生的香氣成分糠醛類，會再進一步增加風味的深度。

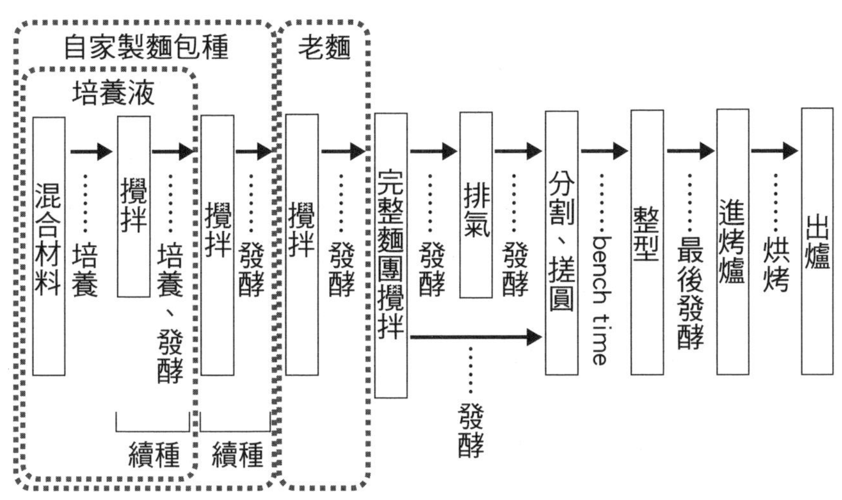

圖 4-5　使用自家製麵包種的發酵種法製作程序

這裡就舉自家製麵包種的代表黑麥酸種爲例，另外，也從日常熟悉可自行培養的種中，選擇果實發酵種及優格酵母來當做例子說明。

【黑麥酸種（酸種）】

黑麥酸種主要是用在黑麥麵包，是僅用黑麥粉跟水（也有加上少量的鹽的配方）所培養出來的發酵種。在德國被稱爲「Sauerteig（酸麵團／酸種）」，黑麥酸種是由初種（Anstellgut）開始培養，初種會由黑麥粉跟水揉組成麵團，並經過四至五天的續養，使之發酵、熟成後再進行一至三次的續種

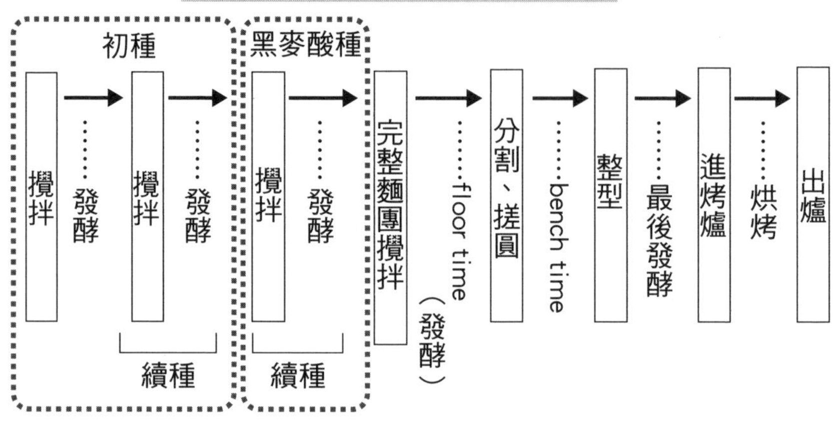

圖 4-6　使用黑麥酸種的發酵種法製作程序

後，最後才完成黑麥酸種。這些黑麥酸種再加上其它材料，揉製、完成麵團、分割、搓圓、整型、烘烤等作業，最後變成黑麥麵包（圖4－6）。

黑麥上附著了許多的乳酸菌，一開始的發酵階段中，乳酸菌得到水分後會活化，分解醣類（葡萄糖或戊糖）而開始進行乳酸發酵。另外，乳酸發酵依據乳酸菌屬種的不同，也有同型（homo）乳酸發酵和異型（hetero）乳酸發酵的差別。實際上，黑麥酸種中會混合了分別導向同型乳酸發酵跟異型乳酸發酵的不同乳酸菌，同型乳酸發酵及發酵產物純粹只有乳酸，相對地，異型乳酸發酵就會有乳酸、醋酸、乙醇等許多產物，而不管是哪種都會產生出乳酸並讓酵母種酸化。

pH值到了四點五以下後，黑麥上的酵母就會活化並開始增殖，而這使得酵母跟乳酸菌、醋酸菌等可以共存共榮，乙醇、乳酸、醋酸等有機酸類及二氧化碳可以充分包含在發酵種中並促其熟成。這個初種經過數次的續種，才終於可以成為適合做麵包的酵母種（黑麥酸種）。

養好的酸種和麵團的其它原料加在一起，就完成了被稱為「Hauptteig」的黑麥麵包麵團，也就可以烤出黑麥麵包。

這裡也說明一下黑麥粉的特性。

跟小麥粉很大的不同是，黑麥蛋白不會形成麩質。

黑麥粉主要的蛋白質是水溶性、鹽溶性的白蛋白及球蛋白、醇溶性的醇溶蛋白（以小麥來說的話就是麥膠蛋白）及鹼溶性的鹼溶蛋白（小麥的話就是麥蛋白）。鹼溶蛋白和麥蛋白是同一種類的蛋白質，但性質不同，不會形成麩質組織。醇溶蛋白和麥膠蛋白的性質相似，和水結合後就會具有黏性。

也就是說，只使用黑麥粉作麵團的話雖然會有黏性，但不會有麩質組織，所以沒辦法保有氣體，另外，就算麵團有延展性，但因為沒有彈性，所以烤好的麵包也無法保有足夠的分量。

因此戊聚醣的存在便顯得相當重要。

所謂的戊聚醣在黑麥粉中是約占了百分之八的戊糖所形成的高分子聚合物，澱粉雖然是由六碳糖（葡萄糖）所形成的，但戊聚醣是由五碳糖的戊糖所構成，其構造爲約百分之四十的可溶性戊糖及約百分之六十的不可溶戊糖。

而可溶性戊糖和水及一些糖分分解酵素溶解在一起後，會變成膠體（指液狀中含有某種微粒，但微粒並沒有凝固或沉澱，處於分散的狀態），其後膠化（溶劑中的膠體會產生相互作用而凝聚成網狀組織，如果溶劑中濃度高的話會固體化）。如果加入其重量的約八至十倍水分，進行水解後會膠化，但大部分的水分都會保留在凝膠中。

就像這樣，一般的黑麥酸種，初種不會形成麩質，所以能保有麵團形狀，是因爲黑麥粉中含有戊聚醣的關係。另外，殘留下來的不可溶戊糖，也很難受到酵素影響，會在跟水結合的狀態下被加熱而硬化，所以麵包芯的海綿組織就會強化而變得安定，形成結實並具有黏彈性的麵包芯。

另外還有一點，黑麥澱粉還有糊化溫度低的特性。

占黑麥粉約百分之六十的澱粉跟小麥澱粉一樣，加熱後就會經歷水合、膨潤的階段而糊化，再進一步加熱的話，最終就會徹底地糊化。黑麥澱粉的糊化溫度比小麥澱粉還要低十度C左右，因此從糊化開始會烘烤相當長的時間，也因此會形成很厚的麵包芯。

【果實發酵種】

果實發酵種以蘋果及葡萄乾爲最常見的素材，其風味及發酵能力都受到很好的評價。

蘋果栽種的歷史相當古老，西元前數千年中亞的山脈地帶及西亞的寒冷地區爲其原產地。後來廣泛傳播到歐洲各地，希臘時代開始就已經有野生種和栽培種的區別，羅馬時代也留下了各種關於蘋果的文獻記載。是歐洲自古以來就利用來做果實發酵種的材料，平均來說，蘋果的甜度爲十二至十四，酸度爲零點四至零點五，有著清爽的甜味及些許清新的酸味，這種風味也可以活用在麵包上，通常被作爲硬麵包的酵母種使用。

葡萄乾的歷史也相當古老，據說早在西元前十二至西元前九世紀時，就已經將葡萄的果實乾燥後做成葡萄乾，葡萄乾用的葡萄會使用完全成熟的，進一步在曬乾後會讓甜味自然地凝聚起來。另外，像葡萄這樣含有很多醣類的果實，表皮也有很多酵母生長（附著）。將葡萄乾泡在充分的水中，形成的培養基含有很多酵母最喜歡的葡萄糖及果糖，以自家製麵包種的培養基來說最為適合。

【優格酵母種】

優格是人類馴養哺乳動物後，開始飲用動物乳以來，幾乎同時就開始加工的最古老乳製品。當時會將乳品裝在皮袋中，過了幾個小時後就變成濃稠狀態的物品，這就是優格的雛型。這是因為乳品中乳酸菌將乳糖分解而發酵成乳酸，而因此產生出來的乳酸則讓乳蛋白凝固的關係。現在我們會稱之為優格（yogurt），語源也是來自於土耳其語「yogurt」，意思是「攪拌」。

今天的日本，將優格定義為牛乳或脫脂奶粉等加上二至三種乳酸菌，使之發酵而做成的發酵食品或發酵乳，原料除了牛乳外，也有水牛、羊、山羊乳。另外，一般在市場上販賣的優格，大約一公克含有一億以上的活乳酸菌。

作為發酵種的時候，這些進行乳酸發酵、產生乳酸的種會變成酸性。而種的pH值降到四點五以下後，種裡的酵母會活化，結果促進了酵母的酒精發酵，使得種的發酵、熟成很快地發生，優格中產生的發酵種，發酵力強也安定，因此不論麵包是硬或瘦、軟或胖都會使用，應用範圍很廣。

法國麵包的製法

香氣濃郁的金黃色法國麵包，外皮脆而具有厚實嚼勁的麵包芯，以及豐富層次的味道，搭上葡萄酒或啤酒、火腿或起司的話就更棒了，當然直接抹上奶油大口大口地送入口中也很好。不論是剛烤好的，還是溫度褪去的階段，都有各自的風味。那麼法國麵包到底是採用至今所說明的哪一種製法呢？

法國麵包其實並沒有一定的「法國麵包製法」。它是最被嘗試各種不同製法的麵包了，所以可以使用各種做法。法國麵包基本上是只用小麥粉、酵母、鹽、水就能製作的一種瘦麵包，使用的材料少所以限制也少，可能也是因爲這樣，做法的種類也相當廣泛。在日本的麵包業界中，以自家麵包坊的師傅及專家等帶頭，整個麵包業界不斷追求更美味的法國麵包，以及努力進行配方和做法的改良，這也是法國麵包做法如此多元的原因吧（表４－１）。

其中代表性的做法，除了前述的直接法、發酵種法、中種法以外，還有冷藏發酵法（進行低溫長時間發酵）、麵團多加水法等許多種類。

冷藏發酵法是讓酵母量極端減少，使用了在冷藏條件下發酵的麵團，這種做法因低溫長時間下發酵的麵團會產生很多發酵產物，所以會有豐富的香氣和溼潤的口感。高水量麵團因爲加了較多水分而使麵團相當柔軟的做法，特別是瘦的硬麵包會採用這種做法，並跟直接法或發酵種法併用。

可頌vs派

這章已經講解了最基本的發酵麵包做法，而這裡則要介紹以可頌麵包爲代表的「折疊麵團」做法。

可頌跟派最大的差別在於有沒有讓麵團發酵，如果把派所使用的折疊麵團（無發酵麵團）換成麵包用的麵團（使用酵母的發酵麵團），那就稱爲可頌。雖然可頌沒有派那麼酥脆，但最大的特徵是具有份量、表面酥脆且口感扎實。

以下也來簡單比較看看其他部分吧！首先，可頌的麵團水分比較多一點、麵團也比較柔軟，這是爲了讓發酵麵團比較容易膨脹。

其次，可頌的高筋麵粉比例高，一般可頌麵團的高筋麵粉與低筋麵粉的比率爲八比

$Y=3^{x}+1$

x	Y	算式
3	28	$3^{X}+1$
6	730	$3^{X}+1$

〈折三折時麵團的情況〉
可頌的麵團會折三折，再重複此動作三次(x)，所以就是$3^{3}+1=28$層。
派的麵團是折三折，並重覆此動作六次(x)，因此為$3^{6}+1=730$層。

Y：麵團的折疊層數
x：麵團折疊的次數
最後加上1是因為算式中只是計算油脂層，而油脂層實際上是由麵團上下夾住，所以每一油脂層的麵團其實應該算是兩層。

表4-3　可頌等的麵皮層數算式

二，派的麵團則爲五比五。可頌是發酵麵團，爲了讓麵團保住氣體的能力較高，所以需要強化麩質。

而且可頌的配方中有幼糖、脫脂奶粉等其它副原料，添加少量的糖除了提供淡淡甜味外，也可以成爲酵母的營養來源，並改善烤麵包色，有著各種優點。

另外，折疊時使用的油脂量也有所不同，派的麵團使用量大約是相對小麥粉重量的百分之七十五左右，而可頌則是百分之五十左右，比較少。折疊層數部分，一般派的麵團會有七百三十層左右，而相對地，可頌大概只有二十八層，明顯少得多，上表有如何從折疊次數算出層數的算式（表4－3）。可頌通常是折三折並重覆三次，所以算起來就是二十八層，派則是折三折

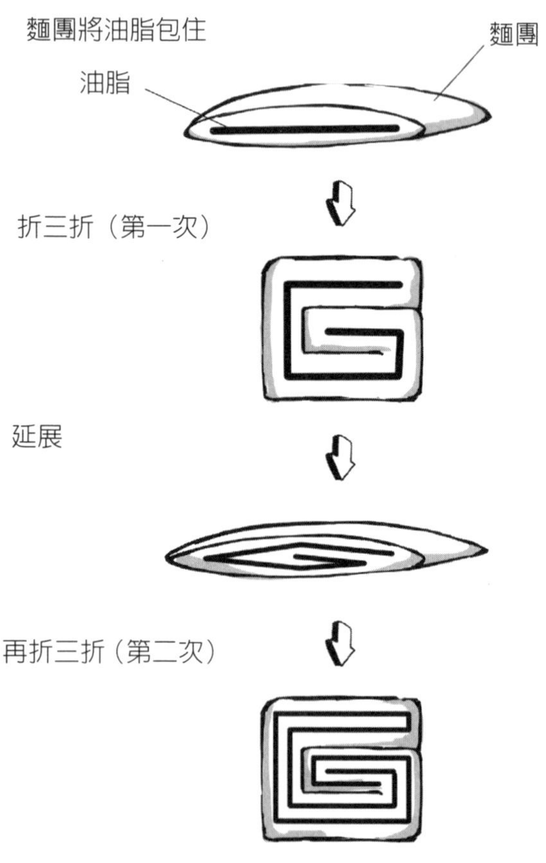

圖 4-7　可頌的折疊

並重覆六次，算起來就是七百三十層，這個算式的算法如圖4—7，是依據油脂層來區分，折疊時麵團相貼在一起的面就算一層。折疊次數少的可頌，油脂量也會比較少，而折疊次數多的派如果不加多一點油脂的話，摺到第五至六次時，麵團跟油脂的平衡就會變得不佳。

折疊的派和可頌雖然其麵團本身基本上都是瘦麵包類，但折疊時使用了很多奶油和乳瑪琳，是一種能讓這些材料的風味十分突出的製作方式。不管哪種在烘烤時，油脂層的油脂都會因加熱而溶解流出，流出的奶油或乳瑪琳會浸潤到麵團中，創造出濃厚的香味。另外，再繼續加熱的話，含油脂的麵團水分會蒸發，而使得派整體變得脆脆酥酥的，而可頌的麵包皮也會脆脆的，裡面的麵包芯則是因發酵麵團而保有溼潤的口感。

另外，香甜而十分受到歡迎的丹麥麵包，也是一種類似混合了麵包和派特色的麵包，其製法同時包含麵包的麵團發酵過程以及派麵團的折疊過程。

麵團和油脂的折疊過程中，如果用了要冷藏的奶油，則麵團的保存溫度要在五度C左右，因爲奶油的折疊過程中，麵團跟奶油的溫度和硬度都必須要接近，否則很難順利進行。也就是說麵團的核心溫度必須降到五度C左右，所以麵團當然就變成使用冷藏發酵（低溫長時間發酵）。另外，一般的丹麥麵包會比可頌的配方還要胖一些，配方上用來折疊的油脂量也比較多，但製法本身跟可頌是一樣的。

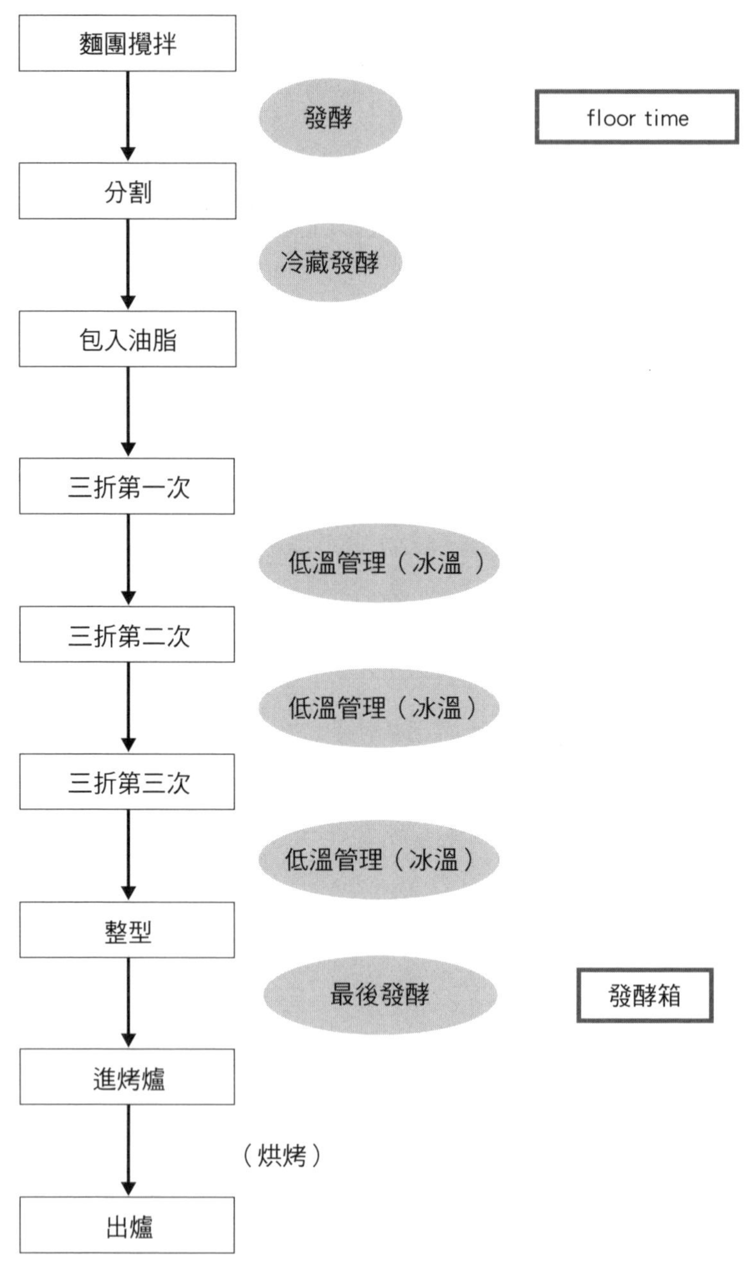
麵團攪拌
發酵
floor time
分割
冷藏發酵
包入油脂
三折第一次
低溫管理（冰溫）
三折第二次
低溫管理（冰溫）
三折第三次
低溫管理（冰溫）
整型
最後發酵
發酵箱
進烤爐
（烘烤）
出爐

圖 4-8　可頌的製造程序

5

麵包製作的機制

我們在第四章介紹了麵包製作的流程，第五章則是要細究各流程中發生了什麼事。從麵包誕生之前，就存在著許多眼睛看不到的化學反應和生成物，這章就是從攪拌出麵團到烘烤麵包爲止，依著順序解說「麵包製作的機制」。

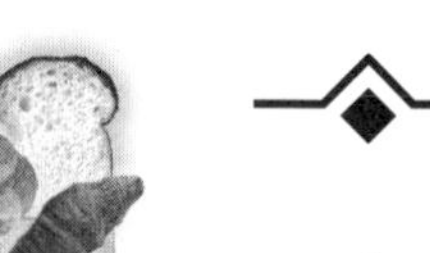

1 「揉」有什麼作用？

從混合材料到成為化合物

首先我們就來解說製作麵包最初的動作「揉」。透過揉的動作製作麵團的過程，則被稱爲「攪拌」。攪拌會讓小麥粉等麵團材料揉合在一起，形成後來會成爲麵包骨幹的麩質，因此變成麵團。在漸漸完成麵團的過程中，攪拌基本上分成了四個階段。

第一階段是材料的混合階段（Blend Stage），這階段要讓主原料的小麥粉、水、酵母等材料均勻地分散並混合，而砂糖、鹽等水溶性化合物也開始水解。這個階段還沒形成麩質，所以很難說是麵團。

第二階段是麵團的拾起階段（Pick-up Stage），一部分的水被小麥粉的蛋白質吸收而成爲結合水，其它材料也會一起被吸附住而形成一整塊的麵團。如果抓著麵團拉扯的話，會「噗」地突然斷裂，而且表面也黏答答的。

第三階段是麵團去水（水合）階段（Clean-up Stage），繼續攪拌的話此時就會逐漸形成麩質，水合作用也持續進行。浮在麵團表面（附著）的細小水滴會被麵團吸收，而麵團表面黏黏的感覺也消失了。要加入油脂時，最好在添加油脂前就已經完成了這個階段。會這麼說是因爲如果麵團表面有游離水（水分子獨立存在的狀態），爲了讓水跟油脂能混合，油脂的滲透是需要時間的。

第四階段是麵團的結合、完成階段（Development/Final Stage），在這階段麩質會隨著麵團的水合作用及氧化作用，發展得十分完整而完成立體網狀構造。麵團富有彈性，表面也滑溜溜地富有光澤。因爲是柔軟的麵團，所以如果用手抓住一部分麵團並緩緩拉扯開的話，最薄可以形成差不多能看見手指上指紋的薄膜。

順帶一提，如果揉太過頭（Over Mixing），還會轉變成其他兩個階段的狀態。第五階段是麵團的過度階段（Let Down Stage），此時麩質彈性變弱，麵團延展性增加，使得麵團中的游離水滲出到表面。這個階段如果好好進行後續處理的話，是有可能讓麵團恢復的。如果持續揉麵團到成第六階段的斷裂階段（Break Down Stage），麵團就會變成稠稠的樣子，連抓住都沒辦法，無論使用什麼方法都不可能再讓麵團恢復了。

麵團從第一階段進行到第四階段的過程，就如第三章所敘述的，會發生各種化學反應，例如水被小麥蛋白質吸收，而從自由水變成結合水，而蛋白質會反覆透過肽鍵和雙硫鍵（S—S鍵）、共價鍵等，形成高分子的麩質，另外，砂糖水解後形成的葡萄糖和果糖，會被酵母代謝而發酵成酒精。這些化合物都成爲麵包的骨幹，或是成爲讓麵團膨脹所需的氣體。

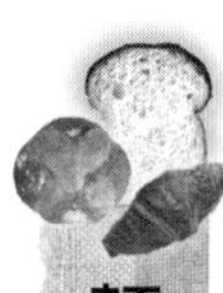

麵團的彈性與黏性

在第三章也曾提到，小麥粉含有的主要蛋白質是白蛋白、球蛋白、麥膠蛋白、麥蛋白四個種類，其中在形成麩質及其物理性質方面扮演核心角色的，是麥膠蛋白和麥蛋白，占了全體蛋白質的百分之八十左右。

麥蛋白在水、中性鹽類水溶液、酒精中是不可溶的，並且分成高分子量（HMW）

麥蛋白及低分子量（ＬＭＷ）麥蛋白兩個子分類。高分子量麥蛋白及低分子量麥蛋白兩邊的末端都有半胱胺酸殘基（ＳＨ基），這會讓分子間可以透過雙硫鍵形成巨大的麥蛋白聚合物。麥蛋白富有彈性，一般認爲聚合物的大小及分子量大小，對麵團的彈性有很大影響。

另一方面，麥膠蛋白因爲具有被稱爲多肽鏈的結構，因此也有半胱胺酸殘基，但其半胱胺酸殘基跟麥蛋白有所不同，是在同一分子內形成雙硫鍵。這時折疊麵團產生的效果，就是使一根的麥膠蛋白單體像丸子一樣，變成一整塊。另外，麥膠蛋白雖然欠缺彈性，但卻大大提供了麩質黏性。而水溶性蛋白質的白蛋白、半胱胺酸殘基，這些附屬結構和麩質的形成、增加有關，筆者認爲應該多了解它們對麩質有什麼影響。

至於除了蛋白質外有黏性、彈性的成分，其中小麥粉含有百分之二至三的戊聚醣，多醣類的戊聚醣可被分類爲水溶性跟不可溶性。特別是水溶性的戊聚醣黏著性及吸水性高，也有報告說會改善麩質的延展性。另外，隨著攪拌過程進行，有親水基的糖脂類或磷脂質等凝結力高的分子，也可以跟戊聚醣一起浸潤到麩質之間，讓麩質的延展性更佳。

食鹽（氯化鈉）是麵包不可或缺的基本材料，這裡我們就一面複習第三章，一面再進一步說明。鹽的作用是提供鹹味，也透過抑制酵母等微生物的增殖速度，來調整發酵速度，並有讓麩質收緊的效果。

舉例來說，如果不加食鹽就製作麵團的話，麵團會變得黏答答的，發酵速度跟麵團膨脹雖然很快，但相反地，因爲麩質組織沒有強化，保持氣體的能力會變弱，使得麵團破裂速度變快，破裂是指像輪胎爆胎那樣，如果麩質網狀結構崩壞，麵團表面破掉會使二氧化碳被釋放出來，而麵包down（體積變小）的情況也會變嚴重。

另一方面，透過添加食鹽可以明顯地讓麵團收縮，黏度也減少了。這是因爲強化了「彈性」（伸張性），使得黏性降低的結果。近年研究發現麵團中的鹽（氯化鈉）會讓麥膠蛋白發揮作用，變成水溶性。水溶性的麥膠蛋白增加使得麥膠蛋白的黏性趨緩，麵團的黏度也有所改善。另外，在麥膠蛋白和麩質之間，麥膠蛋白本身有很強的凝聚力，這也被認爲具有使麵團收縮的效果（參考Ｐ87）。

以上，我們可以說是因爲麥蛋白、麥膠蛋白、水溶性蛋白質及鹽等的影響，使得麵包的彈性及黏性保有良好的平衡吧。

麵團保留氣體的能力

揉好麵團後，酵母就會嘗試利用麵團中的氧進行出芽生殖，麵團中的生酵母菌數雖然與麵團的材料多寡及酵母添加量有關，但單位大多會是億或兆這種天文數字。酵母會在很短的時間裡消費麵團中的氧氣，所以最初增殖後，菌數也不會極端地無止盡增加，麵團中的氧氣耗完後，酵母體內的模式就會從呼吸模式轉成酒精發酵模式。通常透過二氧化碳的產生等，麵團從揉好以後的二十分鐘左右，麵團就會變得鬆軟，而四十分左右就會開始膨脹。大約一小時就會變成兩倍，兩小時就會變成三倍大。

麩質在攪拌後形成四級結構麩質網路，也做出氣泡和麵包的骨幹。負責填補麩質間空隙的，就是澱粉粒和其它凝集物（戊聚醣、醣蛋白、磷脂質等），這些會像填補建築物的鋼骨間混凝土般，產生出緻密的結構。實際上麩質具有延展性，所以跟鋼骨或混凝土不同，具有柔軟度，可以把酵母在酒精發酵中生成的二氧化碳給封在緻密的組織裡，這被稱爲麩質留住氣體的能力。由於麵團充滿氣體，這就讓「密室」，也就是存在於麵團中的無數氣泡一起膨脹，讓揉製後的麵團從某個時間點開始一口氣膨脹

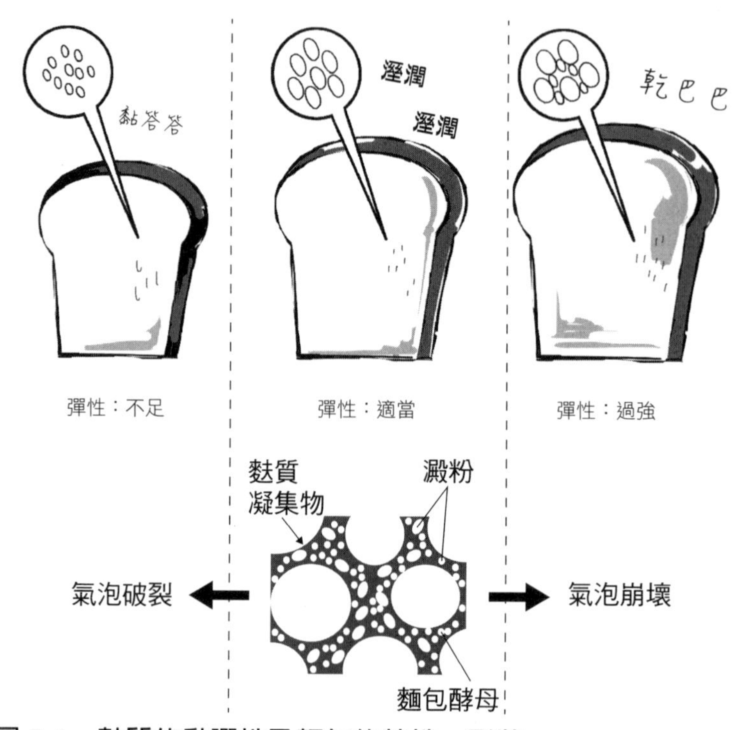

圖 5-1　麩質的黏彈性及麵包的特性、形狀

起來。

麵團的構造就是像這樣聚集最基本的小氣泡而形成。而作爲這些氣泡膜骨幹的麩質，均衡地擁有彈性、伸展性、黏性這三種性質，例如彈性如果不足的話，氣泡膜會受不了氣泡內的氣體壓力和重量而受損；另外，彈性如果過強使得延展性下降，那在氣泡內氣壓太低的情況下，則會讓氣泡無法膨脹，一直保持小氣泡的狀態；而黏性如果太低，麩質就沒辦法好好抓住凝集物，使得氣泡膜密度變低，讓氣體漏掉的可能性增加。

所以結論是，麩質的三種性質影響了麵包體積及麵包芯狀態等外觀部分自不在話下，而對於口感好壞及口味也有很大的影響（圖5－1）。

2 為何麵團需要「發酵」

酵母的酒精發酵

麵包業界中，特別是麵包製作的流程上，「發酵」說的就是「麵團的膨脹」。當然真正發生的是酵母的「酒精發酵」，但麵包製作時主要想強調的是麵團的物理性質，所以才會變成「發酵」＝「膨脹」。麵團的膨脹來源就是酵母的酒精發酵所產生的「二氧化碳」，而它所扮演的角色，簡單來說就是「讓麵包適當地膨脹」，並「給

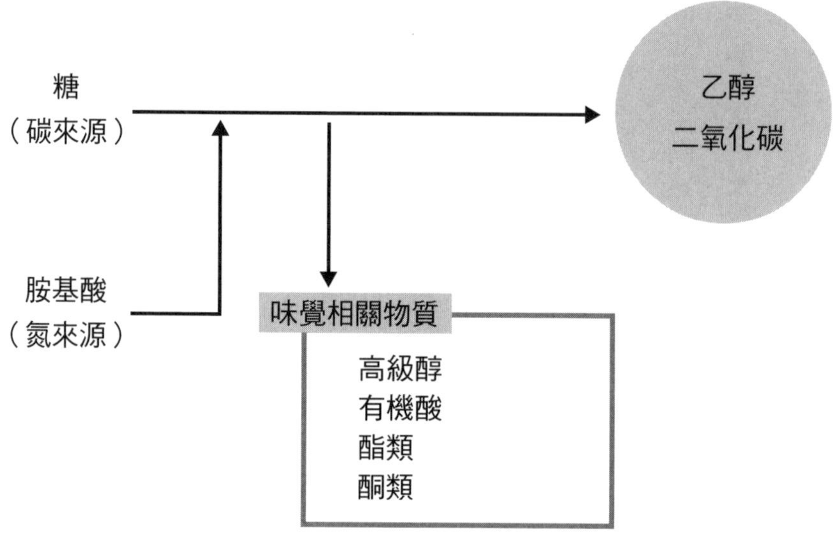

圖 5-2　發酵與風味

予麵包獨特的風味及口感」。

不可思議的是，麵團膨脹這件事不僅僅是化學變化，可以說是兼具物理化學的變化。例如一小時膨脹二倍的麵團再放上一點五小時，就可以膨脹到三倍，而二小時可以膨脹成四倍，這些麵團各自要烤成麵包的話，後續的麵團處理方法就必須隨之修正，也會產生出各種不同味道和口感的麵包。意思是想做的麵包種類跟特性不同，也必須控制麵團的膨脹程度才行。

雖然酵母進行酒精發酵

後，產生的乙醇就是麵包風味的來源。但乙醇大半會在烘焙的過程中汽化，實際上烤出來的麵包中殘留的只有微量而已。另外，酵母作爲酒精發酵的副產物，會代謝掉麵團中的胺基酸（氮來源），並產生出高級醇、有機酸、酯類、酮類等與味覺相關的物質。這些就算只有產生微量，也能讓麵包增加風味跟香味（圖5－2）。

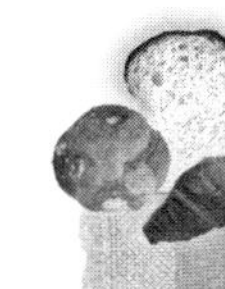

「製作麵包」是破壞與再生

破壞與再生（Scrap & Build）原本是美國的商業用語，意思是在同一個商圈裡將不合效益的店舖關閉（Scrap），再重新開張新店（Build）來改善利潤率惡化，擴大市占率的一種經營方法。也就是一邊反覆破壞（Scrap）與建設（Build），一邊追求更好的成果，現在許多情況都會使用這個詞，而麵包製作也正可說是「破壞與建設」。

以直接法爲例，像圖5－3就可說是發生了Scrap（S）和Build（B）。Build發生後，麵團充分發酵到某個程度後，隨著麵團中的氣體膨脹，麩質的緊繃程度也會緩和下來，彈性跟伸張性都會變弱。而在麵團中還殘留了一點彈性跟伸張性時，就會進行接下來的程序（分割、搓圓、整型等）。因爲這些程序會增加麵團負荷，所以會發

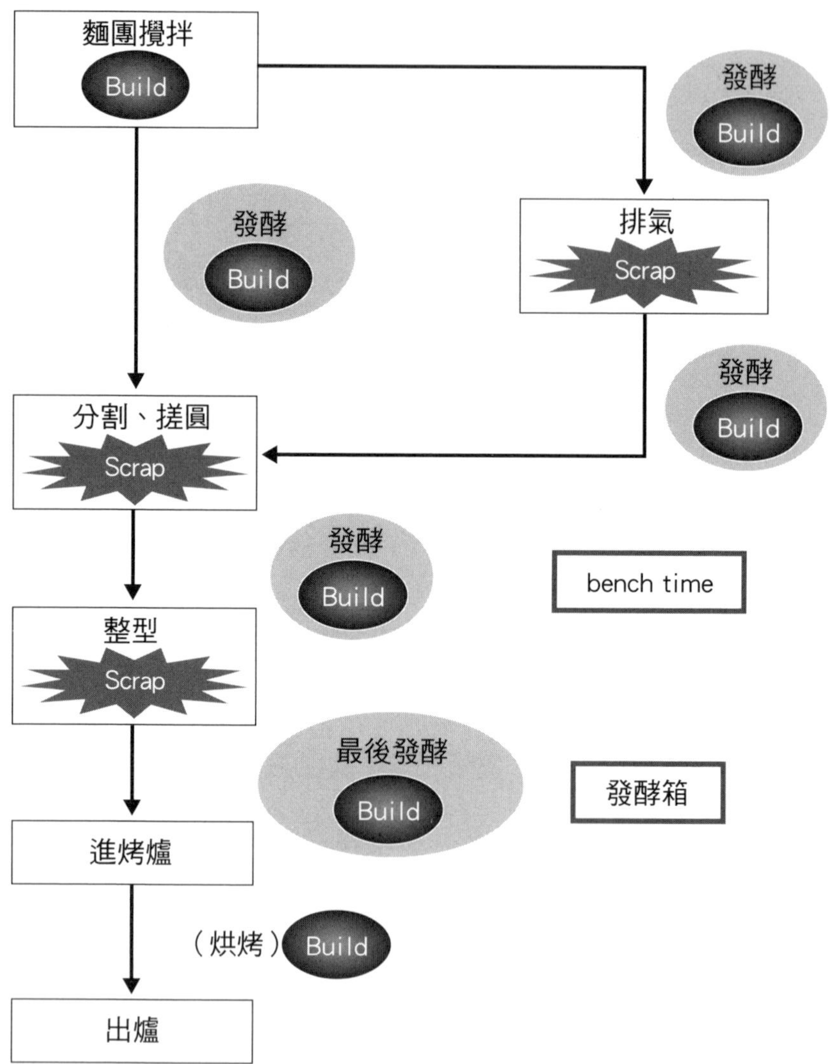

圖 5-3　直接法中的 Scrap & Build

生Scrap，使得麵團的彈性及伸張性再度增加，麩質回復到緊繃狀態。然後如果再次讓麵團膨脹，麩質的緊繃程度就會趨緩。製作麵包就是不停重覆這些事，而基本上這些「作業」都會讓麩質緊繃，而發酵則會讓麩質鬆弛。換言之，當麵團膨脹（B）後，接著就會進行摧毀（S）作業，並連續進行這樣的程序。其目的是階段性地累積在適當狀態下的麵團物理性質及麵團膨脹，最後透過烘烤完成麵包。這些就是製作麵包的Scrap & Build。

乳酸菌和酵母的共同作業

第四章時曾提到自家製麵包種，也說明了乳酸發酵等也會和酒精發酵一起發生，乳酸發酵和乳酸菌（Lactobacillus）會分解葡萄糖或戊糖，產生乳酸。乳酸發酵依據乳酸菌的種類不同，有同型乳酸發酵和異型乳酸發酵兩種。同型乳酸發酵單純產生出乳酸，而異型乳酸發酵則會產生出乳酸、醋酸、乙醇等數種化合物（圖5－4）。

乳酸菌是革蘭氏陽性的桿菌或球菌，它們在厭氧環境下也可能繁殖，爲了使它們活化，需要各種營養素，如醣類、胺基酸、維他命、礦物質、脂肪酸等，是一群有

同型乳酸發酵

$C_6H_{12}O_6 \longrightarrow 2C_3H_6O_3$

異型乳酸發酵

$C_6H_{12}O_6 \longrightarrow C_3H_6O_3 + C_2H_5OH + CO_2$

（$2C_6H_{12}O_6 \longrightarrow 2C_3H_6O_3 + 3CH_3COOH$）

$C_6H_{12}O_6$	：葡萄糖	$C_3H_6O_3$	：乳酸
C_2H_5OH	：乙醇	CH_3COOH	：醋酸
CO_2	：二氧化碳		

圖 5-4　同型乳酸發酵及異型乳酸發酵

點奢侈的菌。在這些條件下，乳酸菌可以借用一些酵素的力量，在無氧環境下先把葡萄糖分解成丙酮酸（$C_3H_4O_3$）。簡單來說，這個丙酮酸被還原後會生成乳酸（$C_3H_6O_3$），而這過程就被稱爲乳酸菌的「乳酸發酵」。附帶一提，酵母在無氧環境中，將葡萄糖透過稱爲「糖解」的代謝過程（幾乎所有生物都有這種生化反應途徑，將葡萄糖分解爲丙酮酸這類的有機酸，或是讓葡萄糖的高結合能轉爲易於讓各種生物使用的形式），首先就是要把丙酮酸（$C_3H_4O_3$）糖解，接著，這個丙酮酸會因酵素而變成乙醛（$CH_3COCOOH$），而再之後會被還原並產生乙醇（C_2H_5OH），這個過程就是酵

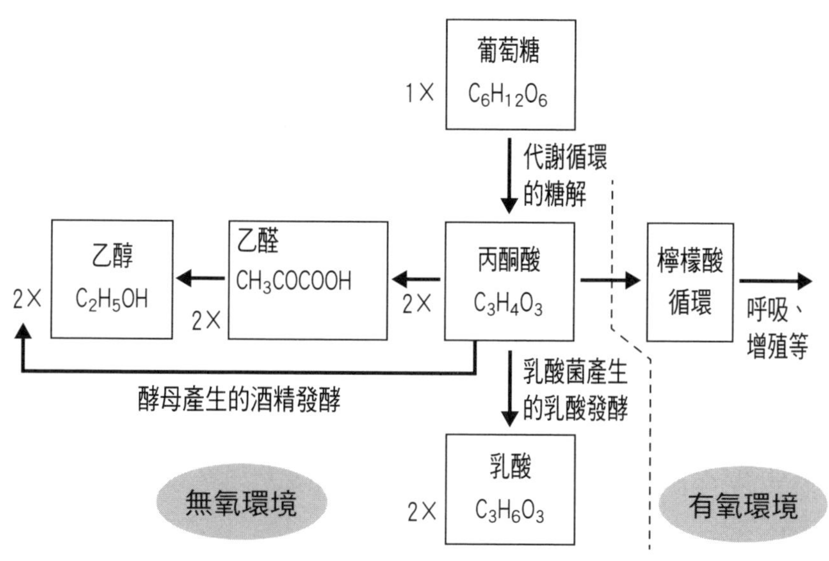

圖 5-5　乳酸發酵及酒精發酵

母的「酒精發酵」。透過乳酸菌發生乳酸發酵，或者酵母進行「酒精發酵」，中途的過程都是一樣的，但在最後的過程中，爲了還原丙酮酸而發生作用的碳原子（C）的位置有所不同，就產生了不同的「乳酸發酵」及「酒精發酵」結果（圖5—5）。

話說回來，筆者找到了距今超過三十年的乳酸菌相關報導，報導寫著「一般市售的土司麵團中被鑑別出了兩種乳酸菌，另外測定土司麵團的乳酸菌菌數後，發現在四小時發酵過程中，一公克的麵團中就有十的六次方個（百萬）乳酸菌。」三十多年前乳酸菌似乎是健康食品的代表性存在，也可以理解當時注重健康就已經是一種風氣，同時筆者也非常高興有人研究「土司中的乳酸菌影響力」。

發酵種（酵母種）不僅讓麵包膨脹、增加麵包的口味及香氣，還可以說是麵包的引擎（原動力）。

而傳統的自家製酵母的原型，大半都是用小麥粉或黑麥粉等穀物粉和水混合，並進行二至三日發酵、熟成的產物。然後再和入新的水和粉，又再發酵、熟成二至三日，這樣的工作重覆數次後就成了原種（可以充分發揮發酵種功能的狀態）。

在發酵過程中，小麥粉跟黑麥粉上附著的野生酵母及乳酸菌、醋酸菌等，會把粉中所含的澱粉分解並糖化成麥芽糖或葡萄糖。而麵團中的氧因爲被消耗掉而使得環境無氧化，這使得乳酸菌首先開始分解葡萄糖或戊糖，進行乳酸發酵。乳酸發酵雖說分成同型跟異型發酵兩類，但實際上兩者大多會混雜在一起。如同前述，同型乳酸發酵只會產生乳酸，而異型則會有乳酸、醋酸、乙醇等多種化合物。這之後會產生乳酸，而酵母種的pH值一旦降到四點五以下，同樣附著在粉上的酵母就會覺得「該輪到我了」而開始活化，並開始進行酒精發酵。因此酵母、乳酸菌、醋酸菌等會各自以適當的平衡共存共榮，產生出包含乙醇等酒精、乳酸、醋酸等有機酸和二氧化碳，酵母種也逐漸熟成。

這個機制相當優秀，理由有三：一是酵母種的pH值降到四點五以下可以抑制其他病原性微生物的繁殖；二是乳酸發酵的副產物有少量的甲酸、醋酸、過氧化氫、抗菌劑Reuterin等，這些都跟乳酸的抗菌性一樣，對於對抗病原菌及腐敗細菌有很大貢獻。這樣一來，酵母種就可以在不腐敗的情況下發酵熟成，而酵母種也能保持健康；第三個理由是酵母種的pH值在四點五以下時，酵母會急速活化，也促進酒精發酵，並成爲讓麵包膨脹的氣體來源。

在乳酸發酵使得乳酸跟醋酸產生，並讓酵母種的pH值下降時，酵母的酒精發酵也在持續進行，產生出乙醇和二氧化碳，這個過程可說是「乳酸菌和酵母的共同作業」。

既古又新的酵母種

直到人類文明可以量產出商業用酵母（以下稱酵母）爲止，原本都使用「發酵源」

（酒母，天然酵母種），沒有它就沒辦法讓麵團膨脹。也就是過去麵包不可或缺的發酵來源，但其後商業酵母讓麵包的製造時間縮短，量產也變得可能，伴隨著使用的簡便性，使得二十世紀可說是商業酵母製麵包（以下稱酵母麵包）的時代到來。天然酵母種除了在特殊的麵包製作工法以外幾乎已經找不到了。但在二十世紀後半以後，酵母種重新得到世人關注，那是因爲用商業酵母製造的麵包風味跟香氣也變得均一，而烘焙坊注意到了這個均一化現象。麵包的區別困難對商業來說並不好。而此時嶄露頭角的，就是以歐式瘦麵包爲主，利用天然酵母種的麵包了。烘焙坊藉著酵母種創造出細微的口味及口感差異，也使創造出具有特色且具深度的麵包變得可能。

發源地的歐洲自不在話下，日本也在一九八〇年代後，街上的烘焙坊逐漸開始烤起歐式的瘦麵包。二〇〇〇年代後，以美國都市圈爲中心的麵包專家們，也開始流行起講究的「工匠麵包」（artisan bakery）（意思是如手藝人般注重技藝）。另外，日本在這個時期受到注目的，還有改變形態重新登場的進化型「酵母種」。那之後不到二十年，現在已有許多不同形式的酵母種被有效運用在麵包上。

「既古又新的酵母種」是筆者自行創造的說法，想表達的意思是二十世紀一度被遺忘的酵母種，於二十一世紀的今天再度甦醒的意思。而這與液種的技術開發、酵母種乾燥技術的進化、果實和蔬菜（主要是水果乾、乾燥蔬菜）等菌來源再度被利用——等技術的改革也有很大影響。

另外，現代的酵母種利用法，跟傳統的自家製麵包種使用的方式，還有工業培養的商業酵母或酵母種，併用的情況有所不同。前者還是老樣子要花很長時間來製作酵母種，是採用傳統技法，可以得到很充分的麵包香氣跟口味、口感，這點當然不用說。而後者是工業培養的商業酵母，可以在使用量不多的情況下，幫助酵母種讓麵團得以發酵，也能讓麵包的口感跟口味發生變化。

除了這兩種方法以外，也有用工業培養的酵母進行一般的麵包製作，再使用酵母種當作特殊調味的方法。麵包有足夠分量的同時，又可以保有比較自然的風味。

以上簡單說明使用「既古又新的酵母種」的優點，實際上使用的情況，因爲自家製麵包種的安定性不好，所以請在完全掌握了酵母種狀態下使用。另外，國內外的酵母廠商也會販售獨家的酵母種或發酵調味料，可以因應需求來使用。

3 各流程作業的物理性質

從分割到整型

讓結束攪拌後的麵團發酵後，接下來的工作就是把麵團從發酵容器中取出，進入分割搓圓階段。「分割」是指把麵團依照一定重量來分成數塊，重點在於以一定速度分割，可以的話儘量在短時間內完成。因爲分割時麵團的發酵膨脹也還是在繼續，如果先分割好的麵團跟後來的差了太久，膨脹程度會有所變化，花愈多時間、讓麵團愈是膨脹，麵團密度就會下降，而麵團狀態也會有過度發酵的傾向。結果是其後的搓圓至整型作業也很難要求達成均一的成品。

接下來是搓圓，分割完的麵團會因發酵而膨脹，特別是麵團表面的麩質因失去彈性而弛緩時。而麵團藉由被「搓圓」，會讓表面呈現緊繃的狀態。搓圓所需要的，是讓鬆弛的麩質再度緊繃，重新擁有彈性及伸張性。如果把麵團搓成圓形，接下來會比較方便做成各種形狀。

接下來的「bench time」會讓搓圓時變緊繃的麩質再度鬆弛下來（relaxation）（參考P57），這是讓麵團延展性恢復的必要發酵時間。通常十五至二十分鐘的bench time能讓麵團漲到一倍大，而麩質弛緩也會讓球狀變得稍微扁平一些。

接下來是決定最後麵包形狀的整型作業，將在bench time時已充分休息過的麵團拉長、折疊、或是捲成棒狀及捲心狀，在不讓麵團受損的程度下給予其壓力，形成具有高強度的麵團（圖5—6）。

分割、搓圓、bench time、整型這一連串的流程，在製作麵包的過程中是時間上最緊湊的階段。前面所說的Scrap（S）& Build（B）會反覆密集地進行，發酵（B）→**分割搓圓（S）→bench time（B）→整型（S）**→最後發酵（B），大約在四十至五十分（依麵團量而定）的短時間內，麵團會不斷重覆緊繃、鬆弛的狀態，而這一連串流程下來，會將麵團淬鍊到可以忍受長時間最後發酵的狀態。

●球狀

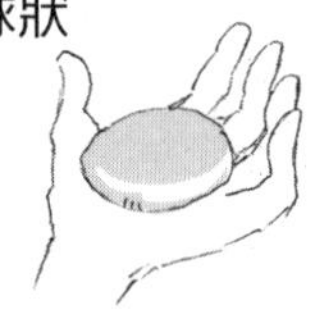

①從麵團上方輕輕拍打讓氣體排出。

②把比較好看的面朝上，稍微捏圓，要在手中留一點麵團轉動需要的空間。

③在手中轉動麵團做成球形，直到表面具有張力為止，太圓的話麵團表面會裂開而變粗糙。每個人的手掌大小不同，所以滾圓的方式也會有些許不同。

④把收口朝下，將搓好的麵團鋪排在鋪了布的板子上，如果作業時間太長的話，表面會變乾，所以要蓋上防水塑膠布。

●棒狀

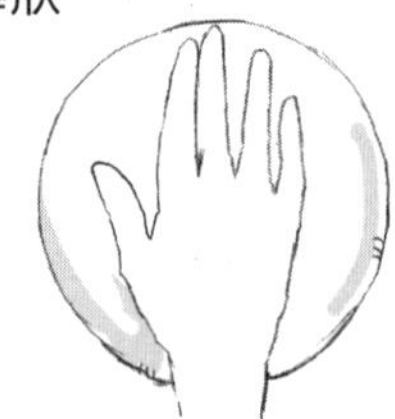

①從上輕輕拍打麵團讓氣體散出。

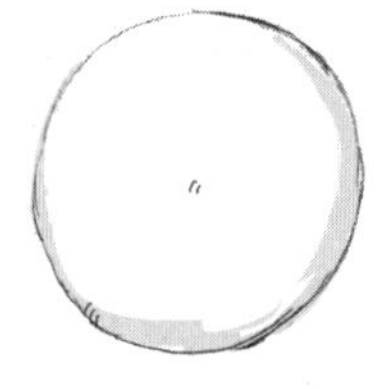

②表面朝下，收口朝上置於檯子上。

③從上方折入約1/3，往中心壓實。

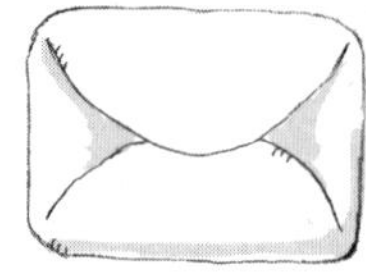

④從下方也折入1/3，往中心壓實。

⑤折成一半，並用掌根把收口壓好。
⑥一邊轉動一邊整理形狀使之成棒狀。

●捲心狀

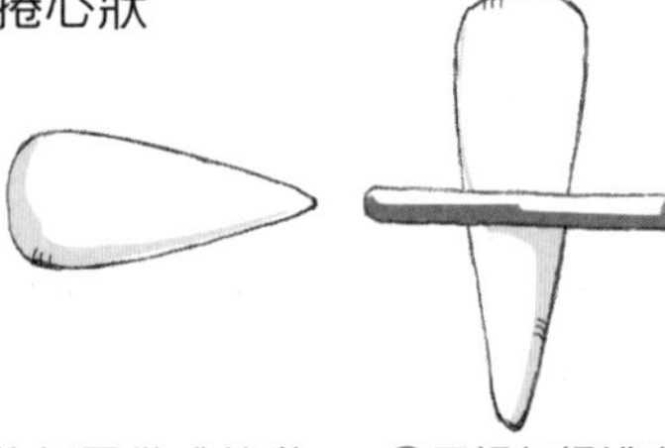

①將麵團做成棒狀，邊轉邊整成棒狀的同時，將一端搓細而成淚滴狀。

②用桿麵棍排出氣體，並將麵團延長到20cm左右。

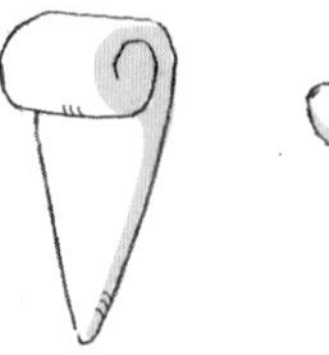

③將麵團收口朝上，成逆三角形置於檯上，從對側開始往回捲兩次做出芯，再將剩下的麵團順著捲在外面呈捲心狀。

圖 5-6　麵團整型成球、棒、捲心狀

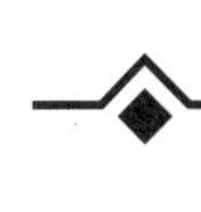

4 最後發酵的重要性

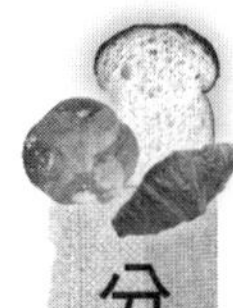

分辨出麵團的適當體積

「最終發酵（發酵箱）」指的是麵團整型後要進烤箱之前最後一次的發酵。可說是麵團發酵的最後一道難關，考慮到烘烤時的烘焙張力（指的是烘烤時麵團的膨脹），必須要可以分辨出適當的發酵狀態。

最後發酵如果不足，就會發生：①麩質延展性差，使得麵包的分量（體積）不足；②因此而讓麵包皮產生烘烤不均的情況；③整體麵團的烘焙張力不好，有時麵包皮會產生龜裂；④二氧化碳的保持力不夠，使得麵包芯的孔洞太小而過於緊實。

相反地，如果最後發酵過度，則會發生以下現象：①麵包體積過大，麵包芯密度下降，吃起來虛虛的；②會促進麵團氧化，使得外皮過乾、醣類減少、乙醇增加等，最後會使得褐變不完全。

而在這樣的情況下，如何判斷最後發酵的程度，就要靠麵團體積（膨脹率）、外皮顏色、光澤、溼度或乾燥程度、彈性等來判斷了。適當的標準是，體積要膨脹到整型時的四至五倍左右，外皮顏色是帶有光澤的淡黃色，適當的溼潤程度，如果用指腹輕壓會有輕微反彈。雖然講起來很簡單，但實際上依麵包種類及配方、大小及形狀不同，判斷標準也會有所變化，也就是要「case by case，bread by bread」，經驗累積在此非常重要。

5 烘烤的機制

烘焙張力與燒減率

烘烤麵包指的是在最後發酵結束後，將麵團送進爐裡加熱。進爐後麵包很快就會蹦蹦地開始膨脹，最後變成一倍或兩倍大，並烘烤完成。烘烤中的這個現象就被稱爲麵團的「烘焙張力（oven spring）」，會決定麵包最後的體積。換言之，這就是麵包工程中最後的Build（參考P159）。麵包的體積太大的話，麵包芯會變得太空洞；相反地，如果不夠大的話，麵包芯就會變成太過緊實。當然，烘烤時重要的不只是烘焙張力，烤得過焦或過生也是不行的。

雖說烘烤是做麵包最後的重要階段，但影響麵包完成的不是只有這個階段而已，從最初的攪拌麵團到最後的發酵，所有階段都會影響麵團的狀態，換句話說，只要麵包能在適當的狀態下發揮「烘焙張力」，就是至今爲止麵團的控制都很得宜的證明。

通常最後發酵結束時的麵團芯部溫度（中心溫度）會有三十至三十五度C左右，這樣的麵團直接放進爐中加熱的話，各種化學反應就會隨之發生。麵包本身大概在五十度C左右流動性會提高，到了六十至七十度C間會急速膨脹，大約超過八十度C後麵包的膨脹就會停止，麵包的體積也就確定下來。這時麵包的外皮也會形成，並開始著色，麵包芯也跟著開始固化，要是再進一步加熱到九十二度C以上的話，麵包芯就會以海綿狀完全固體化，外皮也會進一步變成恰到好處的狐狸色。麵包芯溫度超過九十五至九十六度C後，麵包就完全烤好了。

關於烘烤的機制，我們以各種構成麵包的重要化合物爲主，來說明溫度上升伴隨的化學反應及其角色。

首先如同前述，烘烤前的發酵中麵團溫度是在二十至四十度C間，麵團中因為酵素而使得受損澱粉糖化，還有因酵母的酒精發酵而產出二氧化碳跟乙醇，麩質會保留住氣體並且使麵團得以延展。被產出來的乙醇跟二氧化碳，會因烘烤而變成麵包的香味成分及麵團膨脹的原因。特別是酵母跟酵素會活化的二十五至四十五度C範圍，二氧化碳會爆發性地增加，使得麵團大為膨脹。

接著開始烘烤後，麵團溫度會提升到四十至六十度C，發酵中具有黏彈性、張力及反向張力，所以正處於拮抗狀態的麩質，會從內側施加壓力，讓原本溶解在麵團中水分的二氧化碳急速汽化。結果是麵團擁有流動性，麵團也跟著膨脹，這就是「烘焙張力」的開始。酵母在四十五度C附近的時候活性最大，因酒精發酵而產生的乙醇跟二氧化碳產量也達到最高峰，但其後酵母活性漸漸降低，在六十度C左右時差不多會迎來死亡。

麵團溫度到了六十至七十度C後，麩質的蛋白質會開始熱變性，同時從麩質中離開的水會被澱粉粒吸收，而使得完整澱粉開始膨潤，而極限糊精（limit dextrin）也會開始發生橡膠化現象。所謂的極限糊精，就是破損澱粉在被酵素分解產生麥芽糖時，會產生的一部分物質。極限糊精會隨著加熱，充分吸收麵團釋放出的水，而變成一種帶了黏性的橡膠狀物質，並纏在麩質或澱粉粒周遭，具有「補強麵包」的效果，所以在這個溫度帶時，麵團整體都會迅速膨脹。

當麵團溫度在七十至八十五度C之間時，到了七十五度C左右，麩質的蛋白質就會完全熱凝固，這使得麵團及氣孔的膨脹都會停止，麵包的骨幹也固定了下來。進一步加熱到八十度C以上的話，水分會劇烈地開始蒸發，使麩質固化得堅固又有彈性。在麩質熱凝固時離開細胞的水分，會進一步被澱粉粒吸收而持續膨潤，這個階段被加熱後，直鏈澱粉會融於水中，並從澱粉粒中流出來凝膠化，扮演填補澱粉粒和澱粉粒之間空隙，並將之連結在一起的角色。溫度到八十二至八十三度C時澱粉會開始糊化，這時烘焙張力也差不多停止了。另外，到最後都沒有被酵母分解的麥芽糖，會因梅納反應或焦糖化反應而使得麵包外皮的烘烤色變得更佳，外皮著色大概是在這個溫度帶開始的。

麵團溫度到了八十五至九十五度C後，會更進一步著色，糊化澱粉中含有的水也會開始變成水蒸氣而釋放出來，不久後，澱粉的外膜就會凝固，並且內部的微胞結構（參考P67）所含有的支鏈澱粉，也會開始像混凝土一般變硬。

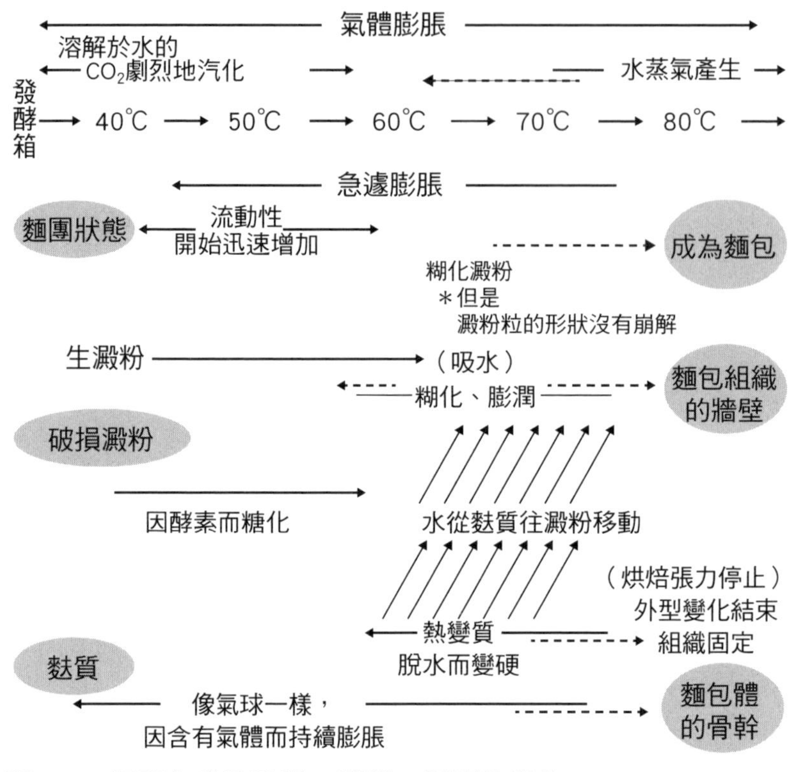

圖 5-7　溫度上升及澱粉、麩質、麵團的變化

九十五至九十六度C時，大部分的自由水都已經汽化，澱粉粒也和麩質一起變硬，而成爲海綿狀的麵包芯，就這樣，麵包的骨肉至此都已經完成，麵包就此誕生。

從爐子裡拿出來的麵包在餘溫褪去後，會測量其燒減率並記錄。所謂的燒減率就是分割時記錄下的麵團重量減去一個麵包烤完後的重量，再將結果除以分割時的麵團重量，所得出的百分比，算式如下：

燒減率（%）＝（分割時的麵團重量－烘烤後的麵包重量）／分割時的麵團重量×100

得出的值，就表示麵團水分在烘焙過程中到底被蒸發掉了多少。燒減率愈大的麵包，在烘烤過程中蒸發的水量就愈多，而這也能當作判斷麵包有沒有烤透，以及麵包芯是否夠溼潤的一項目標。說到麵包芯的厚實感，法式長棍麵包的燒減率（百分之二十至二十五）和土司的（百分之十至十五）就明顯有所不同。材料種類及配方比例不同，當然會有這樣的結果。而透過記錄這些，累積「這個麵包要蒸發多少水分才好吃」的經驗，也就能設定爲烤出美味麵包的目標。

烘烤的動態過程

烘烤就是透過加熱，讓麵包的外皮和內芯都建構成適當的狀態。我們接下來就談談熱的種類及熱量的關係。爐子使用電子爐或瓦斯爐會有很大差異，熱源分別來自電和瓦斯，近年來兩種爐具都持續研究開發，所以很難分出高下，例如有的進化成陶瓷材質，這些變化使得我們可以用各種熱能來烤麵包。另外，爐子的氣密程度、熱能效率好，這也讓蒸氣和溼熱變得可被運用。以下我們就以一般麵包店規模所使用的固定式烤爐爲例，來簡單記錄熱的種類及烘烤的系統。

爐子的爐內熱量傳送方法，可以分成輻射熱、對流熱及傳導熱（圖5—8），輻射熱主要透過遠、近紅外線來照射麵團上部。就個人見解來看，遠、近紅外線對改善麵包外皮的顏色是很有效的。而對流熱主要是說爐床下的熱源使得上升熱氣流發生，利用這個對流熱就能讓整體的麵團表面都被照到，而傳導熱主要是爐床下的熱源透過爐床，直接接觸到麵團底部，並浸透到麵包芯裡面。

烘烤初期，爐床傳來的傳導熱會讓麵團得到很多熱量，進而促進麵團的烘焙張力，中期從輻射熱來的遠、近紅外線的加乘效果，會讓麵團上半的外皮成功著上均勻的顏色。後期則透過對流熱調整全體的上色（包含側面），因此這些熱的運作方式是會變化的。

麵包的烘烤有直接烘烤、烤盤烘烤及模具烘燒三大類，直接烘烤就是將麵團直接放在爐床（壓縮石板）上進行烘烤。

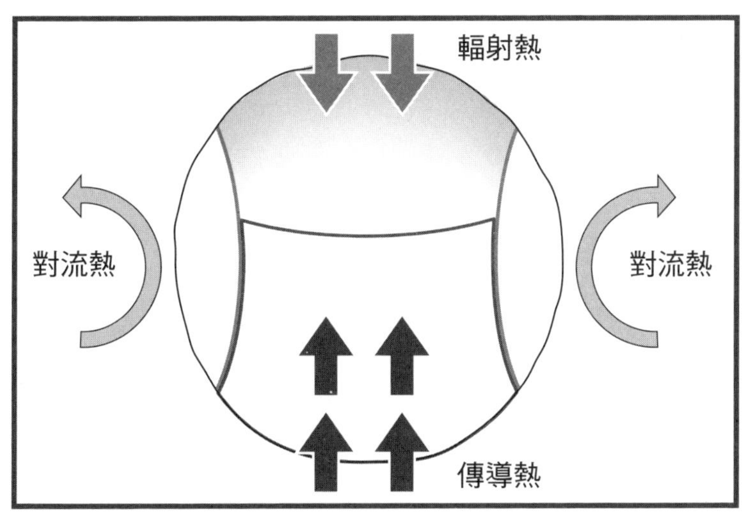

圖 5-8　爐內熱的傳導方式

直接烘烤的麵包以硬式、半硬式居多，瘦麵包因爲配方的關係，麵包皮不容易上色，所以烘烤溫度要設定得比較高。另外，進爐烘烤前後時蒸氣也常常滲入，所以如果將麵團表面打溼後再加熱，可以讓麵包皮更硬挺。烘烤時間的設定，四十至五十公克的小型麵包大約十五分鐘左右；三百至四百公克的中型麵包大概三十分鐘左右；而七百至八百公克的大型麵包大概就要五十分鐘。當然，依據麵團種類，烘烤溫度和時間也會有所變化，所以還需要適當地調整。

接下來，烤盤烘烤是將整型後的麵團排在烤盤上進行最後發酵，並進行必要的程序（刷蛋液等）再進爐烘烤。使用烤盤的麵包很多是軟式、半軟式的，因爲胖配方的麵包皮著色狀況佳，所以烘烤溫度和直接烘烤相比可以設定得較低。四十至五十公克的小型麵包大概烤十分鐘左右；一百五十至二百公克的中型麵包也大概設定在二十分鐘左右就可以。同重量的麵團如果形狀不同，烘烤溫度（上火、下火）及時間的設定也會有所不同。舉例來說，五十公克整成圓型的麵包如果設定成上火兩百度C，下火兩百度C烘烤十分鐘，那麼整成棒狀的麵包就是上火兩百度C，下火一百九十度C烘烤九分鐘，而整成板狀或圓盤狀的，則是上火一百九十度C，下火一百八十度C烘烤八分鐘。這表示依據麵團形狀不同，熱能穿透麵團的熱效率也有差別。整成薄、平形狀的麵團，上色及熱穿透的速度快，而厚又胖嘟嘟的麵團，不論是熱能穿透的速度或著色的速度，都要花上較長時間。

最後是模具烘烤，將成型的麵團放到模具中進行最後發酵，再進爐烘烤。模具烘烤又分爲兩大類：一是沒有限制麵團膨脹後大小，開放模型上端的麵包（如山型土司等）；以及加上蓋子，限制烘烤完形狀的麵包（如角型土司等）。模具不加蓋的話，上火會直接接觸到麵團表面，麵團頂端部分的烤麵包色也會著色得比較深，因此上火要使用較低的溫度烘烤。而如果加蓋的話，麵團會被模型覆蓋，所以上火跟下火可設定成同樣的溫度，或是上火略高一些。麵團頂端在碰到蓋子內側之前，大約需要經過五至十分鐘，這樣就可以烤出適當的烤麵包色。加上蓋子的角型土司比起模具上端開放的山型土司，烘烤時間大約要再多一成。這是因爲有蓋子使得熱滲透要花多一點時間的緣故。

這三種熱能會在不同階段以很好的分配方式，均衡地發揮作用，烤出美味的麵包。我想如果掌握「熱的種類」「熱效率」「熱量」這些基本的烘烤知識，對製作麵包一定會有所幫助。

6 讓麵包變得美味的科學

1 美味是怎麼來的

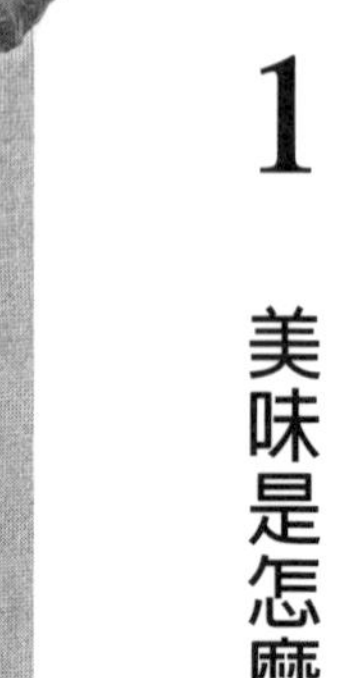

讓人忍不住想伸手去拿的烤麵包色、呼喚幸福感的香氣

不論是伴隨甜甜的香味，綻放著閃亮金色的軟式胖麵包，或者是香氣濃郁、帶著深茶色的硬式瘦麵包，每種麵包都有其不同的魅力。

特別是烤麵包色，就跟麵包形狀或大小一樣，也是決定麵包外觀的重要因素。能喚起人感官中「好像很好吃」記憶的顏色和光澤，這就是「讓人忍不住想伸手去拿的烤麵包色」，而這是由P96時說明的梅納反應及焦糖反應所生成的。

另外，這種反應也會讓麵包產生香氣，麵包皮及麵包芯擁有不同的香氣，剛出爐時會各自散發出不同香味，但經過一段時間後就會變成一種複合式的麵包香。

麵包皮的香味可分成梅納反應及焦糖反應兩大類，梅納反應產生的香氣，是麵團中存在的胺基酸化合物及葡萄糖、果糖等羰基化合物被加熱後，相互產生反應而形成的香氣成分。因梅納反應的香氣成分相當複雜奇妙，以下僅是筆者個人的解釋，例如說和葡萄糖發生反應的胺基酸種類跟溫度不同，香氣成分也會有所變化。在相對低溫的時候，胺基酸的氧化會產生低沸點揮發性物質（甲醛、乙醛、異戊醇類等），這些便成爲香氣成分。如果繼續加熱的話，就會產生出揮發性的羰基化合物（如乙醇、丙醇、丙酮等）。雖然沒辦法給出精確的溫度，但可以確定的是，梅納反應的最終階段會產生梅納汀，並產生出糠醛或丁醇這類香氣的成分。另外，如果溫度超過一百度C的話，梅納反應會更加活躍，加快麵包皮的褐變反應。如同前述，梅納反應產生的香氣太過複雜，所以先人大多用各種描述方式來形容褐變後的香氣，如「董一般的花香」「巧克力的香氣」「烤起司的香味」「玉米香」等。

另外，麵團中含有的糖分發生焦糖化，會在加熱時水分蒸發的過程中，使得糖的構造發生變化，而產生褐色物質及苦味焦糖物質。將砂糖用火烤之後會使得砂糖裡的水分溶出，而變成透明的糖，繼續加熱的話會從淡淡的顏色（糖的溫度一百六十度C）變濃（溫度一百八十度C）。布丁的焦糖都會控制在這個範圍中，而這個階段比起糖的甜甜香氣，其實焦味是比較重的。這個階段後再繼續加熱的話，最後則會變成黑碳。而麵包的烘焙也有同樣的性質，所以麵包的烘烤溫度不會超過一百九十度C，透過控制焦糖化

化學反應	產生香氣的來源
酵母的酒精發酵	芳香醇（丙醇、丁醇、異戊醇等）、有機酸類（乳酸、醋酸、檸檬酸等）、酮類（乙偶姻、丁二酮、丙酮等）、酯類（乙酸正丙酯、己酸乙酯、辛酸乙酯等）。
乳酸菌產生的乳酸發酵	乳酸、醋酸、乙醛等。
加熱	梅納反應的副產品（乙醛、丙醇、丁醇等）、糖分的焦糖香氣、澱粉糊化的香氣、蛋白質熱凝固的氣味。

表 6-1　化學反應產生的麵包芯香味

反應，來產生令人喜愛的香氣。

至於麵包芯的香味，原料的香味會因化學反應而產生出複雜的成分。第三章所介紹的各種基本材料（四個主角及四個配角）也都有各自的香氣，特別是醣類跟油脂，會依據選用的種類不同而產生出獨特的氣味。例如以醣類來說，就有蜂蜜般的花香、黑糖或紅糖等其他成分所熬煮出來的香氣等差別。油脂類像奶油的丁酸等揮發性脂肪酸，橄欖油、油酸等脂肪酸的香氣，也都各自有其特徵。其他還有化學反應所產生的香氣，酵母的酒精發酵產生的乙醇香，或是酒精發酵時，和胺基酸等氮來源反應產生的副產物香氣（Flavor物質）等不同種類（表6—1）。

烤好的麵包香味大半都是來自麵包皮的香氣。梅納反應及糖分焦糖化產生的甜甜香氣，會煽動我們的食慾。換句話說，我們都是輕微燒焦味加上有點刺激甜味（焦糖＋乙醇的香氣）的俘虜。聞到麵包切片後的麵包芯香氣，會感受到的是撲鼻而來的強烈香氣（乙醇的香氣，有時也會被說是酵母的味道）。一般來說，土司和麵包捲的麵包芯氣味中，乙醇就占了百分之九十六以上，剩下的則是數十種以上的微量香氣成分，大半的乙醇會隨時間經過而蒸發，不會留在麵包中很久。麵包大部分在熱度消失後的數小時內，麵包體的香氣成分也會隨著乙醇跟水分的蒸發，而轉移到麵包皮的部分，散布到麵包整體中。另一方面，麵包皮中的香氣成分則會在麵包裝袋的時候，逐漸從麵包皮的內側散播到內部的麵包芯中，因此袋裝麵包在十二至二十四小時後，麵包皮跟麵包芯的香氣就會混合而成為麵包的香味。

麵包的口感與味道的祕密

說完顏色、香氣後，我們接下來要討論讓麵包更有魅力的口感和味道。這也可分成麵包皮及麵包芯兩部分。

麵包皮的口感會依據麵團表面碳化程度而有不同厚度，麵包皮較薄的口感會較軟，而厚的話則會感覺偏硬。例如說土司的「麵包耳」是麵包皮，而麵包皮的碳化程度愈高，就會產生更脆而硬的口感。另外，麵包皮的味道是經由糖分跟蛋白質的熱凝固、梅納反應或焦糖化而產生的，除了些微的焦味外，還會產生一些甜味。

另一方面，麵包芯在麵團加熱後會膨脹並定型，麵包芯由麩質形成無數的氣泡，而加熱讓多餘水分蒸發，則使得它變化成有彈性的海綿狀組織。並且，麵包芯的口感和麵團的小麥粉種類（蛋白質含量多少）、水量多少、攪拌比例及攪拌時間長短都會影響到麵包體彈性。例如如果用了蛋白質比例較高的小麥粉，水量爲適量或較少，攪拌時間較長且強力，這樣的麵團所做出的麵包，會有較具彈性的口感。而相反的狀況做出的麵包會有較鬆軟的口感。前者會是Q彈有嚼勁的麵包，而後者容易成爲清爽易入口的口感。

而味道跟香氣相同，素材本身就有其風味，而發酵或烘烤時的化學反應及產物也會再賦予其他風味（表6—2）。雖然現今的科學分析技術已有進步，但還沒能以科學方法分析出所有的香氣及味道成分。所以像是麵包訴諸於人類五感的各種細微成分，以及

材料及化學反應	味道來源
原料及材料本身味道	小麥粉的植物味、砂糖香、食鹽的鹽味、油脂的香味。
澱粉的化學反應產生的氣味	糊化的粥狀物的氣味。
蛋白質化學反應產生的味道	小麥、蛋、牛奶熱凝固產生的氣味。
醣類及胺基酸產生的味道	梅納反應的味道、焦糖化而產生的甜味及苦味。
酵母的酒精發酵產生的風味	酒精產生的風味（大多是乙醇、丁醇、丙醇等）、有機酸的酸味（乳酸、醋酸、檸檬酸）、酒精發酵副產物的味道（酯類、酮類等）。

表6-2　素材及化學反應產生的麵包芯香味

人類的嗅覺及味覺如何接收這些成分，這些分析還是今後的課題。所以在「味道」的祕密完全解開前，還有許多未知的部分。

麵包的調味

一般的發酵麵包，鹽的添加量和粉的重量比通常在百分之一至二點二以內，而設定爲百分之二的麵包占了大半，土司和麵包捲等就是使用這個量。其它例如甜麵包的話，添加量大概在百分之一左右。而添加百分之二的食鹽的話，內餡的甜味和麵團鹹味的平衡會變差，吃的時候只會感覺甜甜鹹鹹的。而例外的是義大利中西部的托斯卡納地區所使用的硬粒小麥粉（主要栽種於地中海沿岸地區，這是一種超硬、高蛋白的小麥。）所烤出的托斯卡尼麵包等幾乎沒有添加任何鹽。筆者推測這或許是因為配菜都較鹹，所以才製作了無鹽麵包也說不定。日本也有「適合腎臟疾病患者的處方籤麵包」（筆者命名），這些麵包也是無添加鹽或低鉀。不加鹽的麵包沒有味道並且乾燥，大多數是稱不上美味的麵包，但根據食用者情況，有時這也是沒辦法的事。相反地，鹽味麵包是添加了百分之二至二點五比例、鹽分較多的麵包，但超過百分之二點五的話會太鹹而不容易入口。

接下來，我們來想想鹽的種類是否也會影響麵包的鹽添加量吧！我們來具體驗證看看含有較高氯化鈉成分的精鹽「食鹽」，和含有率較低、非精製鹽的「～某某鹽」，對麵包的口味會有怎樣的影響呢？

假設「食鹽」的氯化鈉含量爲百分之百（A），「某某鹽」的氯化鈉含量爲百分之八十（B），這樣來計算假如要在二公斤的小麥粉中加入對粉百分之二（標準）的食鹽所需量，以及一個橄欖形法國麵包（Coupe）的食鹽量差別，其結果就如圖6－1。結果同樣是吃下一個四十二公克的橄欖形法國麵包，A會比B多攝取零點一公克的食

A 麵團：使用食鹽（氯化鈉含量為 100%）
B 麵團：使用未精製的鹽（氯化鈉含量設為 80%）

麵團中的氯化鈉量差

2000g（小麥粉量）×2/100（對小麥粉的食鹽比例）＝ 40g（A、B 食鹽添加量）
（A）的氯化鈉量＝ 40g×100/100=40g
（B）的氯化鈉量＝ 40g×80/100=32g
（A）－（B）＝ 40g － 32g ＝ 8g
約 2000g 的（A）、（B）的橄欖形法國麵包麵團中的氯化鈉量，約有 8g 的差異。

一個麵包的氯化鈉含量差

小麥粉 2000g 製作的橄欖形法國麵包（麵團重量：50g，成品重量 42g）約 80 個份。
8g÷80 個＝ 0.1g
一個 42g 的橄欖形法國麵包中，A 會比 B 多 0.1g 的氯化鈉。

食鹽添加量調整

如果 B 麵包要有 A 麵包的鹹度的話，理論上氯化鈉量要是相等的，也就是 B 麵團添加的食鹽量必須增加。
100% ×2%（A 的氯化鈉比例）＝ 80% ×X%（ B 的氯化鈉比例）
X ＝ 2.5%
所以如果要和 A 麵包有同樣的鹹度，B 的食鹽添加量就是 2.5%，因為整體量也會改變，所以其實不能這樣單純計算，以這個例子來說就是不加到 50g 是不行的。

相反地，如果 A 要配合 B 的鹹度的話，
100% ×Y%＝ 80% × 2 %
Y ＝ 1.6%
A 的食鹽添加量不降到 1.6% 是不行的。以這個例子來說就是變成 32g。

圖 6-1　精鹽與天然鹽對麵包的風味影響與調整

鹽。先不管對健康的影響，就味覺來說，無論是誰都可以發覺零點一公克的氯化鈉的鹹度差別。

在考慮過精鹽跟非精製鹽的鹹度調整後，雖然一切都只是隨意的假設，但麵包的鹹度，也就是味道的調整方法就是如此。

2 讓麵包吃起來更美味的科學

讓蛋三明治好吃十倍的祕訣！

說到家庭麵包料理的三種代表性三明治，就是火腿和蔬菜、鮪魚沙拉和蛋沙拉吧！而原因應該是因爲這些食材不僅很少有人討厭，也很容易料理吧。像是有火腿跟萵苣的話，只要把它夾到麵包裡就可以做出火腿三明治，而罐頭鮪魚只要加上小黃瓜切片和美乃滋加以混合，就能做出鮪魚三明治。順帶一提，如果是想做蛋沙拉三明治，只靠食材本身的味道跟口感是不行的，必須先經過烹飪六法之一的「煮」這道程序才行。

那麼，這次我們將焦點聚在讀者們應該也都很喜歡的蛋沙拉三明治，來稍微用科學方式討論「讓蛋沙拉好吃十倍的祕訣」吧！

雖然蛋沙拉是將打散而煮好的蛋加上少許的鹽，再加上美乃滋的簡單料理，但如果想做出很棒又好吃的蛋沙拉，就需要再加上一道程序——要做出美味的蛋沙拉，最大的要訣是煮出顏色鮮麗又美味的半熟蛋。以下就解說煮的順序：

好吃的蛋的料理方法：

①準備好蛋（用水輕輕洗過）、鹽、胡椒及美乃滋。

②將可以充分放入想煮的蛋的鍋子裡注入足量的水，將蛋浸入，並從常溫開始加溫（煮的時候希望能有充分的熱能）。

③注意水溫，到了七十五度C後，一邊注意不要超過八十度C邊繼續煮，要控制溫度的話，可以透過火侯控制或是加入水、少量的冰，如果煮的期間水溫都在七十五度C的話，大約十二至十三分鐘就可以煮好。

④將煮好的半熟蛋馬上浸入有充足水量的冰水中（大約泡二十至三十分鐘）。

⑤水煮蛋充分冷卻後，剝掉蛋殼並切成喜歡的大小，加上鹽、胡椒、美乃滋。

用這種辦法煮蛋的話，蛋白及蛋黃的部分會熱凝固成適當的狀態，水煮蛋整體的口感也會變得柔軟滑順。原因是蛋白的蛋白質中，卵蛋白素大約占了百分之五十四，這種物質在七十五度C時整體會凝固成有彈性的狀態，而蛋黃也會凝固成有黏性、但保持柔軟的狀態。加上蛋黃不僅可以保有鮮艷的黃色，美味程度也不會降低。另一方面，如果用八十度C以上的水煮蛋，卵蛋白素就會凝固成十分飽滿有彈力的硬度。

另外，蛋白的蛋白質中含有具硫醇基的含硫胺基酸（甲硫胺酸、半胱胺酸等）會因加熱而分解，此時產生的硫化氫（H_2S）會大量變多，有硫磺味的硫化氫接下來就會和分布於蛋黃膜周遭的鐵質結合，而產生出暗綠色～青褐色的硫化鐵，這也是水煮蛋的蛋黃邊緣會變成淡綠色的原因（圖6—2）。

$$Fe^{2+}+S^{2-}\rightarrow FeS$$

如果再加熱到超過八十度C的話，蛋黃中類胡蘿蔔素含有的葉黃素類系色素會開始分解，雖然黃色系的色素具有耐熱性而比較不易被分解，但紅色系不具耐熱性，所以很容易被分解掉，使得蛋白整體開始變白。

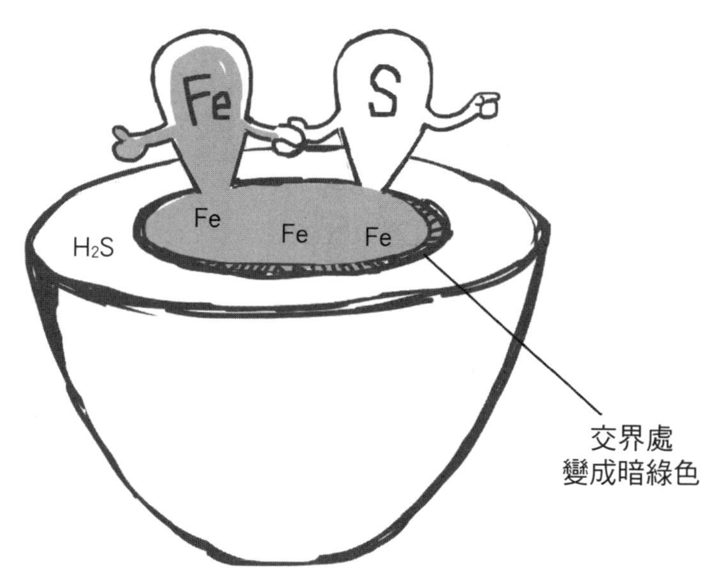

圖 6-2　水煮蛋的蛋白與蛋黃交界

馬上冷卻煮好的蛋，目的是阻止餘溫讓熱凝固持續進行，防止硫化氫氣體產生，同時也阻止硫化鐵的產生。另外，三十分鐘內在二十度C以下冷卻，並保存在十度C以下的這個流程，在食品衛生方面也可以讓水煮蛋保存在安全的環境中。

土司為什麼烤過會變好吃呢？

土司配咖啡可說是早餐的招牌搭配，塗上滿滿奶油的土司烤過後會發出奶油香，表面有點酥脆，但內層卻鬆鬆軟軟的，讓我們的感官洋溢著幸福。當然，我想喜歡直接吃土司的人也很多，不過麵包通常只在剛烤好的短時間裡很好吃，經過一至兩天後就會變硬，而使得風味大減。

隨著時間的經過，麵包會因水分蒸發、澱粉老化、麩質硬化等原因而變得更硬，變成乾巴巴、鬆鬆散散的口感，而不太容易入口。但此時如果加熱老化、硬化的麵包，就會化身爲跟麵包剛烤好時不太一樣的「烤土司」。那麼，爲什麼土司烤過後會變得美味呢？簡單用一句話說明的話，就是再加熱會產生新的化學反應。

烤土司時到底發生了什麼事？首先因加熱，而使得麵包芯溫度升高到六十至七十度C，這使得老化（β化）的澱粉再度α化，而麵包芯的口感就會變軟。這是因爲硬化的麩質變軟了，所以麵包芯的口感也跟著變軟。繼續加熱的話，待表面溫度達到一百五十至一百六十度C之後，麵包的表面會產生梅納反應，使得麵包芯會跟著褐變，香氣成分汽化，產生出烤土司的顏色跟香味；表面溫度達到一百九十至二百二十度C後，麵包芯的糖分會焦糖化，使得土司產生出輕微燒焦的痕跡，也同時產生適度的燒焦味。

這裡我們就來學一下讓烤土司變得更美味的方法吧。首先要先預熱烤箱十分鐘，然後使用高溫在短時間內烤好（各個烤土司機雖有不同，但大致上是以二百度C烤兩分半），然後麵包體的表面要加溼（麵包正面、背面都噴上水），烤土司就會變得相當美味，外側酥脆而內部也鎖住了水分，使得土司產生出內外對比的口感，吃起來更能享受，而咀嚼的聲音也能讓美味提升。

另外，根據日本工學院大學的山田昌治教授所提出的報告，烤土司的美味祕密是「熱力學的熵增原理」，雖然在此要省略詳細的理論介紹，但這個法則說明的內容摘要如下：土司用高溫烤過後，會變成表面相當熱而中心冷的狀態。表面跟內部的溫度差會產生傾斜，而爲了讓溫度落差恢復平衡，土司外側的溫熱水分會往中央移動，而結果是中心部分比烤土司前多出了溫熱的水分，使得烤土司能烤成美味的樣子。

烤麵包機解體新書

爲了將變硬的土司再變回原狀，這就是烤麵包機發明的由來。最初的烤麵包機是一八九三年英國克倫普頓公司（Crompton）所販售的，但因爲他們在加熱器中使用了鐵線而非鎳鉻合金線，因此產生像是冒火花之類的諸多問題。另外，這個烤麵包機只能烤單面，所以使用者必須一邊查看烤的情形並且自行翻面。之後，美國一九一九年由查爾斯史特萊特發明出有定時裝置、烤完後會自動把麵包彈出來的pop-up烤麵包機。從此之後歷經不斷改良，一九二六年沃特斯（the Waters Genter Company）開始販售第一台以一般家庭爲客群的烤麵包機，那就是改良後的pop-up烤麵包機。而日本在昭和三十年（一九五五年）也引入了pop-up烤麵包機，昭和四十年（一九六五年）引入電烤箱，並由日本國內的家電廠商進行販售。

在那之後，因爲日本有很多想追求更多功能的消費者，例如想烤厚片土司、想烤冷藏或冷凍過的土司、或是想烤土司以外的麵包（加熱焗烤料理之類的），所以比起pop-up型烤麵包機，烤箱型變成了主流。

現代烤箱的出現，其實是因爲使用者的想法已經有所改變，不再是「有土司吃就好」，而是「想吃好吃的土司」，爲了因應這個需求，才使得各家電器廠商都加以改良。烤箱的加熱方法基本上也就是從加熱器放出輻射熱能，再使被加溫的熱空氣在機器中產生循環，製造出對流熱，從而加熱麵包的機制。換言之，烤箱使用了輻射熱和對流熱兩種熱能來烤土司。

那麼「可以烤出美味土司」的最新型電烤箱的加熱方法，究竟有什麼樣的改良呢？

其中一點是加熱器（熱源）的種類不同，過去的加熱器主要使用的是在遠紅外線

圖 6-3　過去曾是主流的 pop-up 烤麵包機

方面性能優異的石英管加熱器，石英管加熱器吸收食品表面的溫度很快，所以短時間內就會讓食物表面產生出烘烤的顏色，對於常溫的土司來說相當合適。但是冷凍過的土司就會烤成外皮雖然烤好，但內部還是低溫的狀態。而近紅外線可以透到食品內部，穿透率高，所以現在除了石英管加熱器外，還加上了近紅外線輻射率較高的鹵素加熱器，或是氬氣加熱器。如此一來，遠近紅外線加熱器一起發揮作用，就能讓土司從表面到中心的熱穿透效率更加提升，使熱效益平均，而可以縮短加熱時間。

圖 6-4　最新型的多功能電烤箱
（照片提供者：Panasonic）

其結果就是土司蒸散的水分也減少了，土司內的澱粉再 α 化，並且麩質的軟化時間也跟著縮短，冷凍土司烤起來也可以變得很好吃，實現了外酥脆而內鬆軟的美味烤土司。另外，也有使用蒸汽或過熱水蒸氣的烤麵包機，那些是使用了一百度C或更高溫度的水蒸氣當熱源，其原理是讓水蒸氣暫時充滿機器內部，所以瞬間熱容量會增加，而同時也將熱傳導給食材，熱效率也就會提高。

此外，在最新型的電烤箱中，也加入了可以因應機器內溫度及烤土司數量調整輸出情形的程式，可以依照喜好選擇烤的程度（例如比標準還要再焦一點），只要按下「土司」的鍵，不論土司厚薄或數量改變，都能烤出自己喜歡的程度。需要注意的只有一點，電烤箱以大約可放入兩片土司的機器為主流，如果放入不同厚度的兩片土司，會因為以平均值為標準，使得優點大打折扣。如果要同時放入兩片土司的話，請儘量選擇同樣厚度的，或者請分開來烤。

另外，可以烤冷凍土司也是令人很高興的新功能，有「冷凍土司」功能的機種會分成「解凍」及「烘烤」兩個階段來加熱，「解凍」階段進行溫度調節，可以用比較低溫的溫度解凍，而解凍到某個程度後，會一口氣開始用高溫加熱，雖然這樣要比常溫的土司還要花上幾乎成倍的時間，但可以烤出讓人感覺不到是才剛從冷凍庫拿出來，連麵包內部都熱呼呼、鬆鬆軟軟的烤土司。

像這樣改善熱源，讓機器程式進化而能因應各種不同大小和麵包的種類，便能讓許多不同類型的麵包再次變得美味，增加食用麵包的樂趣。雖然電烤箱英文仍是烤土司機（toaster），但也可以使用於其他食品，讓應用範圍變大，我想應該可說是一種未來也會持續受到關注的烹調用家電吧！

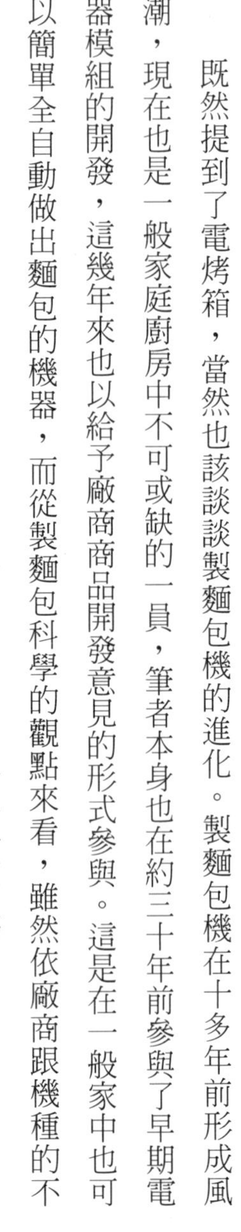

既然提到了電烤箱，當然也該談談製麵包機的進化。製麵包機在十多年前形成風潮，現在也是一般家庭廚房中不可或缺的一員，筆者本身也在約三十年前參與了早期電器模組的開發，這幾年來也以給予廠商商品開發意見的形式參與。這是在一般家中也可以簡單全自動做出麵包的機器，而從製麵包科學的觀點來看，雖然依廠商跟機種的不同，構造也有差異，但其所下的工夫可說都同樣是很符合科學道理的。

其中一例是，各個廠商最先都是從如何不讓即溶乾酵母（以下稱酵母）碰到水開始研究的，酵母如果一開始就碰到水，那就會馬上開始發酵了，使得麵團過度發酵、過度熟成。

我所參與開發的機種中，爲了不讓發酵過度或不足，構造上會在麵團製作中途才加入酵母。在流程上是先考慮完成時間才開始做麵包，首先讓材料混合到一半（攪拌），稱爲「前混合」，其後爲了調整會有「休息時間」，才進入完成麵團的「後混合」。系統設定是在「後混合」開始之前，會自動加入事先保存好的酵母，因此麵團可以保存

圖 6-5　30 年前日本第一台製麵包機（左）及 2017 年最新的製麵包機模型（右）（照片提供：Panasonic）

在適當的狀態並適度發酵。像這樣把揉製麵團分成「前混合」、「後混合」的兩個階段，可以抑制麵團溫度上升，而在「休息時間」會進行水合並改善麩質的柔軟度，因此可以製造出品質優良、延展性佳的麵團。跟專業用的揉麵機相比雖然容量較小，「攪拌片」也比較小，但卻涵蓋了必要且充分的揉製過程。並且透過改變「前混合」、「後混合」的時間長短，也可以因應各種不同種類的麵包。

廠商下工夫的第二處是：將測量溫度的感應裝置藏在機器

中，可以因應外在氣溫變化，而微調攪拌及發酵的時間等。麵團發酵需要嚴密的溫度微調，因此由功能菜單上的發酵程式來管理，並使用加熱器來調節機器內的溫度。另外，和測量外在溫度相連動的是，夏天會縮短「發酵時間」來防止麵團過度發酵，冬天時則讓「發酵時間」拉長，使得麵團不會發酵不足。

而烘烤機制也下了許多工夫，製麵包機在預熱時麵團也會在機器中，所以加熱器的配置處、機器內到達高溫（一百八十度C～）前所需的加溫時間、麵團最終發酵所需要的時間等，都需要加以考量來製作機器。另外，容器的受熱程度和熱傳導性、熱反射板的位置等也需經過縝密的計算，讓烘烤機制能具有相當的功能性。

透過這些工夫，才可以做出不受環境變化左右、春夏秋冬一年內都能安定發揮作用的機器。製麵包機一開始販售時，原本只當作土司專用的自動製麵包機，現在也開發出除了土司外，還可以做龐多米、雜糧麵包、原本就是瘦麵包的法國麵包、黑麥麵包或是胖系的甜麵包、布莉歐（法語：Brioche）等各式麵包的機種，搭載許多功能，能處理的材料也更多樣化，像是可使用發酵種或低酵母量麵團之類的機種，也都是以更加進化爲目標開發出來的。

最新機種多半可以將「揉製」「發酵」「烘烤」這些程序各自分開單獨使用，也就是只將一部分的程序交給機器自動完成，其它就依個人喜好而可以各自調整，滿足各種不同需求。交流馬達也使得轉速可以做出細微調整，所以揉製時間、發酵時間、烘烤時間及發酵溫度、烘烤溫度也都能細部調整，讓人可以享受專業級的做麵包樂趣。

7

麵包的閒話家常

令人懷念的超級麵包

讀者們相信嗎?世上存在著一種切片土司，麵包芯橫切面的顏色是全白的，在室溫中存放一週以上也能保持柔軟、並且不會發霉，還具有各種營養，完全稱得上是超級麵包!這個被稱做「Wonder bread」的土司是在約八十年前由美國的Continental 烘焙公司所發售。該公司使用了世界上第一個麵包專用切片機，販售切片土司，並開發出「營養麵包」（Enriched bread），裡頭添加維他命跟礦物質，是充滿營養的土司，這使得Wonder bread完全成為受歡迎的麵包。另外，該公司還是全美國最先在包裝紙上公開標明產品成分的公司，獲得了消費者很高的信賴。

一九五〇年代該公司使用了紅黃藍三色水珠、並印上公司商標包裝紙的大麵包（Loaf bread），一下子成為人氣商品，進一步鞏固了Wonder bread的地位。之後約有半世紀，Wonder bread不僅在美國，在加拿大、墨西哥等地也相當受到歡迎。直到進入一九九〇年代後，因為提倡健康自然的風潮興起，這種麵包的人氣才開始衰退，二〇一二年終於劃下了句點。但之後使用了Wonder bread商標做設計的商品（如餐盒、點心袋等）大受歡迎，現在網路上也還是買得到，這就是美國人的鄉愁嗎!?

當時在世界上生產量最多也最被廣爲食用的Wonder bread，在一九七〇年代（昭和五〇年代）時，也於日本都市圈的大型量販店中開始販售。應該也有些讀者還記得這種麵包，筆者在一九八〇年代於美國留學時，常常用這種麵包裹腹。「不會變硬也不會發霉」的這種麵包，一言以蔽之就是相當方便，將兩片土司的各一面塗上花生醬和草莓醬，並在早餐或午餐時大快朵頤這種美式三明治的往事，彷彿還像是昨天發生一般地歷歷在目。

以下就來說說Wonder bread的特徵跟其機制吧。

首先，爲什麼「麵包芯是雪白的」呢?這是因爲當時美國流行使用漂白小麥粉。他們會在製粉時，在裝了粉末的槽中吹入氯氣，而小麥粉中含有的（主要是）葉黃素類或胡蘿蔔素等類胡蘿蔔素（紅、黃色色素）會被分解，而結果就是奶油色的小麥粉變成純白，用這個粉來烤的土司芯也就會是雪白的。日本也是直到一九七〇年代（昭和五〇年代）爲止都以漂白小麥粉爲主流，後來因製粉業界自行約束而使得氯氣、過氧化苯甲醯的稀釋粉末等漂白粉被禁用。

那麼，爲什麼「麵包會很柔軟」呢?透過添加單酸甘油脂或卵磷脂這種卵磷脂乳化劑，會促進麵團乳化。更仔細點說的話，這會使得麵團中的自由水分子擴散，而麵團的氣孔也就會變小，使得烤麵團時的澱粉膨潤、或是糊化時直鏈澱粉的流出受到限制，澱粉粒也就保留了較高的保水性。這樣一來烤麵團時，麩質脫水的狀況也就比較趨緩。麩質本身的延展性就很好，膨潤、糊化後的澱粉粒會被麩質的膜給包圍住，讓麵包芯軟化。

另外，麵包可以膨脹成鬆鬆軟軟的樣子，這跟添加了溴酸鉀等氧化劑有關，這使得麵團中的麩質組織被強化，體積也就變大了。就算放了一個禮拜麵包也不會變硬，這是因爲加了還原劑和酵素，促進麵團中的麩質延展性及軟化的結果。在營養方面以維他命B爲主的維他命群、添加以鈣爲首的礦物質群，並加入了防霉劑的丙酸鈣、丙酸鈉。

又軟又不會發霉的美味土司，每週只要採買一次即可，十分理想所以才取了個Wonder bread的名字，這是筆者的推測。當時的背景是第二次世界大戰後，正好是美國經濟成長期，許多女性也開始進入職場，或許這使得他們開始追求更有效率做家事的方法吧！因此，爲了時時因應消費者需求，而產生了以下商品開發的結果：

・因爲切麵包很麻煩↓切片麵包產品誕生
・想要可以省下考慮小孩攝取營養的工夫↓添加維他命的產品誕生
・不用每天採購↓加入還原劑或酵素，能保持麵包的柔軟；還誕生出加了防霉劑的麵包

這樣列出來一看，Wonder bread就是當時美國的食品烘焙科學及科技的集大成，在化學藥品即萬能的當代就是Chemical bread（化學麵包）吧。雖然需求隨著時代轉變而減少，但化學麵包仍然是二十世紀曾領導世界潮流的土司，這是不爭的事實。

或許會有人聽到這些化學藥品或添加物的話題而討厭起麵包，但今天的日本已經幾乎沒在使用半個世紀前美國的Wonder bread所使用的食品添加物。特別是每天吃的土司，以各大廠商爲首的衆多麵包店，都以完全無添加物爲目標在努力改善產品。另外，如果要微量使用麵包改良劑等添加物時，也在日本厚生勞動省的認可之下，嚴守食品添加物的使用標準，所以請各位安心享用麵包吧！

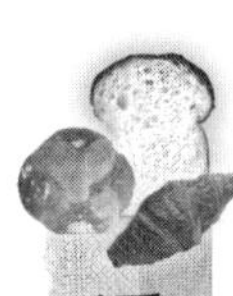

添加物——關於麵包改良劑

麵包改良劑是以做出優良且安定的麵包爲目標，而開發的食品添加劑，也被稱爲酵

母食品（Yeast food）或麵團改良劑，是將擁有各種功能的化合物或混合物在某種均衡下調整出的配方。最先開始製造的是美國的弗萊希曼公司，而那已經是一九一三年的事了。當時似乎主要是想改善麵團物理特性，而想改善使用的水質。

在日本，一般麵團改良劑也是從一九五〇年代到現在，以各大廠商爲首而被許多烘焙坊所使用。現在的麵包改良劑是爲了促進麵團發酵，爲了改善麵團物理特性而使用的（表7—1）。日本的自來水多爲軟水，所以有時依據麵包種類，如果需要比較硬的水質時，就會爲了改良水質而使用。

製作麵包並不是非加麵包改良劑不可，這是依據生產者或製造者的環境及條件來選擇性添加的。機器所製作的麵包，麵團受損是無可避免的，所以有時也會爲了避免這點而使用品質改良劑。另外，就算是添加了麵包改良劑，開封後也是要保存在低溫、低溼度的陰涼處，並遵守保存期限，在開封後儘速食用完畢。

日本國產麵包用小麥粉的大躍進

過去用在麵包用小麥粉上的日本國產小麥，原本基因是從麵所使用的小麥而來的，

目的	主要成分	效果
酵母營養來源	氯化銨、硫酸銨等銨鹽	作為氮來源而成為酵母的營養來源，促進發酵。
原料用水的水質硬度調整	碳酸鈣、硫酸鈣等鈣鹽	透過調整麵團 pH 值、麩質強化等，來促進麵團發酵及改善留住氣體的能力，讓麵包的體積可以較大。
氧化劑	抗壞血酸、葡萄糖氧化	促進麵團氧化及強化麩質，烘烤時麵團的烘焙張力也會變好，使得麵包體積可以較大。
架橋劑	L - 胱胺酸	提升麩質的架橋密度，使得麵團留住氣體的能力提升。
還原劑	L - 半胱胺酸	促進麵團還原能力，使得麩質的延展性變好。
酵素	澱粉酶、纖維素酶、蛋白酶、脂肪氧化酶等	透過澱粉酶被糖化的麥芽糖會變成酵母的營養來源，幫助發酵。纖維素酶會分解膳食纖維，讓麵包變軟。蛋白酶會產生胺基酸，成為酵母的營養來源。脂肪氧化酶會分解麵團中的色素，使得麵包芯的部分變白。
乳化劑	單酸甘油脂、蔗糖脂肪酸酯	讓麵團中的水分子及油脂分子均一擴散，改善麵團的延展性，提升機械耐性，使得麵包體積較大。乳濁液會浸潤到澱粉粒的微胞結構中，使得麵包的老化速度變緩。

表 7-1　品質改良劑的主要成分及作用

將這種小麥作爲原料製成中筋麵粉，再被各製粉廠商加工後做爲麵包用，或者是混合後供法國麵包用。

進入一九八〇年代後半，北海道產的春小麥「春豐」（はるゆたか）被開發成日本國產第一種麵包用小麥而受到矚目。部分自家烘焙坊對於使用國產原料或有機栽培等有所堅持，便在麵包加工上試用了春豐等各種日本國產小麥，但可惜的是大多數的商品似乎並沒有得到消費者很好的評價。

但是到了二〇〇〇年代初期，北海道的生產者及農業實驗場等各研究機構持續進行開發，將日本國產小麥加以品種改良及試種改良，結果日本國產小麥在適合做麵包的特性方面，有了戲劇性的提升。進入二〇〇〇年後，春豐的後代「春天啊戀情（春よ恋）」、北海道及匈牙利混種的「秋收小麥」、「北方之香」等麵包用強勢小麥登場，在二〇〇〇年代後半使用「北方之香」育出的超強力小麥品種「夢之力」也被開發成功。

而這幾年來，自家烘焙坊的陳列架上，也開始擺放以這些日本國產小麥粉爲原料的半硬式麵包了，另外，二〇一三年開始一部分的大型烘焙坊，也開始全年販售使用「夢之力」等日本國產小麥的土司及麵包捲。大型超市等量販店的麵包區也變得更多樣化。

可說是日本國產小麥用來製作麵包的特性及品質進化的證明。

和三十年前誕生的春豐進行比較的話，現在的麵包用小麥收穫量增加，也可以發現抗病能力（小麥赤黴病、小麥穗發芽等）增強、蛋白質量增加等品質方面的提升，而麵包加工的作用也變得更好了。

小麥粉的重要角色就是做出麵包的骨幹，蛋白質的量和質、澱粉粒的顆粒度、直鏈澱粉及支鏈澱粉的比例，都有大幅度的改善，技術上不只是麵包加工變容易，也可以說麵包成功變得更好吃、更容易入口了。

雖然是我的個人意見，但透過小麥蛋白質形成麩質的基因改良，可以做出和過去日本國產小麥相比更軟、延展性更好的麵團。而麵團中可以無限縱橫交錯的麩質，從硬如橡膠的類型變成柔軟富有延展性的麩質，這應該是首要原因吧。結果是烤出來的麵團烘焙張力也有所改善，可以烤出具有份量感的麵包。彈性也變好，使得口感和過去如雲泥之別。

接下來，或許各位讀者會不同意，但麵包的口感中多少可以感受到彈性如何、是否有Q彈感。這是高蛋白麵粉才會有的特色。麵團中的麩質量較多而較少直鏈澱粉的小麥粉（小麥澱粉的支鏈澱粉比例較高），會使得像麻糬般的口感增強（參考P67）。

雖然麥本身也多少有植物特有的味道，這應該是前代品種「北方之香」的特性。具體來說較強烈反應出了澱粉糊化時的味道及香氣，或是小麥蛋白熱凝固時的味道及香氣。

或許是因「夢之力」的成功，現在全國北從北海道到南部九州，都有各式各樣的日本國產小麥在持續進行改良。今後日本國產小麥會發展成什麼樣子，值得期待。

古埃及麵包與啤酒的「雞兔同籠」問題

介紹讀者一個古代的數學問題吧。

【問題】

二Pehusu 的啤酒和五Pehusu的麵包進行交換時，麵包該有幾個？

這個問題是記載於古埃及數學書《萊因德數學紙草書》中的一題。這本書一八五八年由英國人亞歷山大・亨利・萊因德（Alexander Henry Rhind）所發現，所以冠上了他的名字。紙莎草紙是使用了生長於埃及的紙莎草的纖維製作的和紙，是古埃及用來

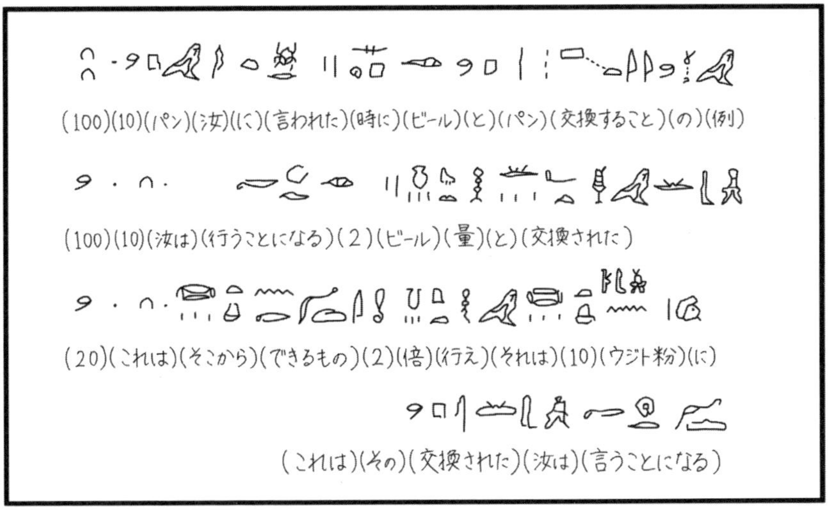

(100)(10)(パン)(汝)(に)(言われた)(時に)(ビール)(と)(パン)(交換すること)(の)(例)

(100)(10)(汝は)(行うことになる)(2)(ビール)(量)(と)(交換された)

(20)(これは)(そこから)(できるもの)(2)(倍)(行え)(それは)(10)(ウジト粉)(に)

(これは)(その)(交換された)(汝は)(言うことになる)

圖 7-1　埃及數學一次方程組
摘自《萊因德數學紙草書》中的「麵包與啤酒交換的問題」

書寫象形文字和表音文字的書記媒介。《萊因德數學紙草書》中記載了八十四題的例題及解答，其內容主要是麵包的分配、麵包之間的交換、麵包與啤酒交換等實用取向的數學。另外還有借貸、土地劃分、金字塔建設所需的數學，分數、乘法、除法、聯立方程式及等差級數等也都交織在問題中。

那麼回到問題本身，古埃及時代使用的單位如下：

- hekat：測量麵包及啤酒原料的 Ujito 粉（大麥粉）的定量量斗體積。
- Desu：測量定量液體的量器體積。

• Pehusu：食物或飲料的烹飪後的份數（例如一hekat的粉可以製作十個麵包的話，那就是十Pehusu）。

【解答】

（十Desu啤酒）／（二Pehusu啤酒）＝（五hekat的Ujito粉）

（五hekat的Ujito粉）×（五Pehusu麵包）＝二十五個麵包

【解說】

用一hekat的Ujito粉可以做出兩杯啤酒，所以要做十杯啤酒就需要十÷二＝五hekat的Ujito粉。接著用一hekat的Ujito粉可以做五個麵包，所以五hekat的Ujito粉可以做五×五＝二十五個麵包。

看到紙莎草書上記載了這樣的一次方程組，就知道距今約四千年前的埃及人已經熟悉使用十進位的加減乘除。有一說是當時的美索不達米亞人稱埃及人爲「吃麵包的人」，雖然無法斷言他們是爲了吃麵包而發展數學的，但埃及人似乎是很喜歡吃麵包呢！

簡單便利的麵團發酵測試

德國出身的穀物學家保羅．弗雷德里希．培爾辛基（Paul Friedrich Pelshenke）在一九三三年發表了可以測出麵團發酵力的簡單測試。這種測試的簡便性跟優秀受到肯定，而在一九六一年被國際美國穀物化學師協會（AACCI）認定爲正式的試驗法，那時也使用了他的名字，將之命名爲培爾辛基測試（pelshenke test）。這種試驗法應用了古希臘學者阿基米德所發現的物體浮力原理，是相當簡單易懂的理論。阿基米德的發現經過了這麼長時間還在持續被使用，這可是相當驚人的成就。關於這個測試的說明如圖7－2。

培爾辛基測試中將物體換成麵團，透過麵團發酵、膨脹，一開始沉在水底的麵團會漸漸浮在水中，然後是到水面上，並計算直到麵團破裂前的時間。這個測試透過時間經過，可以判定麵團使用的小麥粉所作出的麩質強度，以及使用的酵母產生氣體的能力。

麵團發酵的過程中會產生二氧化碳氣體，使得麵團膨脹。當然，因爲二氧化碳氣體的比重比麵團小，所以麵團比重會隨著時間漸漸比剛做好的時候小，這個測驗就是利用

1. 準備約 9% 濃度的生酵母溶液（10g 的生酵母和 100 毫升的水）。
2. 準備 4g 的小麥粉，加入酵母溶液中。混合後完成麵團。
3. 準備要加入 150 毫升燒杯中的 80 毫升水（30℃），再將完成的麵團加入其中。
4. 最初沉在水底的麵團會浮到水面上，其後測量到破裂為止所花的時間。

①當物體比重 (x) 跟水差不多的時候，X=1= 水的比重，這時物體會浮沉在水中。
②當物體比重 (x) 比水大的時候，X>1（4℃的水的比重），這時物體會沉到水裡。
③當物體比重 (x) 比水小的時候，X<1，此時物體會浮到水面上。

圖 7-2　培爾辛基測試使用的簡單發酵力測試法

這個性質來測定的。

這個測試的判定標準基本上是：麵團如果比較早浮上水面，那就表示酵母的活性很好，另外，如果麵團愈晚破裂，那就表示小麥粉的麩質組織很強韌，是很能保持住氣體的小麥粉。只是這種測試的概念還是源於覺得麵包要愈膨愈好的想法，而筆者認爲這個基本理論還需要再進一步經過應用及解釋。例如如果比較法國麵包和土司，酵母添加量或麵團攪拌的狀態、發酵時間都有所不同。法國麵包需要的是愈嚼愈有特殊風味的口感，所以麵團的份量必須有所限制；另一方面，土司追求的是蓬鬆柔軟的口感，所以很要求麵包膨脹後的體積。當時在美國受到好評的培爾辛基測試，完全是以土司加工做爲預設的測試對象，是用來測試酵母活性的簡單測試。

今天麵包有無數的種類，而酵母也開發出許多的種類，所以各種測試也應該「case by case，bread by bread」來選擇使用。

8 種類豐富的歐美麵包

盛譽的歐美麵包及其閒談

以麵包為主食的歐美，各地都有由各國歷史與傳統所孕育出的特色麵包，這章我們就來一口氣介紹這些該稱為「麵包之鄉」的各國麵包特徵及由來，其中想必有些是很多讀者也熟悉的麵包吧。

*法國的麵包

日本所說的法國麵包其實正確來說應該叫做「法國傳統麵包」（Pain traditionnel français），但我們通常不會叫這麼長的名字，而會用長棍麵包、巴黎式麵包、小麵包這種個別名字來稱呼。無論是麵團或麵包，其重量、形狀、割紋（麵團表面的割痕）的數量皆有所不同，而那也都會使味道和口感發生變化，而衍生出至少十種以上的麵包。

法國早餐的麵包通常會配上咖啡歐蕾，午餐則夾入火腿和起司變成三明治享用，晚餐是配合料理和葡萄酒，就這樣三百六十五日，麵包天天從早到晚登場，可說是與法國人的飲食生活密切相關。法國麵包基本上是以小麥粉、鹽、酵母、水這種最瘦的材料組合來製作，但是烤好的麵包香氣濃郁而閃著金黃色的光澤。口感有點脆的麵包皮和潤口的內裡，其組合只能稱之爲絕妙。以最少的材料引出最大的美味，吃著簡單又纖細的法國麵包，多少可以理解法國人引以爲傲地說「長棍麵包是麵包之王」的心情。

圖 8-1　長棍麵包（Baguette）

【長棍麵包（Baguette）】（圖8—1）

Baguette就是棒子的意思，是傳統法國麵包的代表，作爲最平常的食用麵包，受到法國人的喜愛，芬香的麵包皮及扎實的麵包體的平衡，就是這種麵包的特徵。

【小麵包（Petits Pains）】（圖8—2）

小麵包是小型麵包的總稱，是法式傳統麵包中種類最多的麵包，要說的話，比起一般家庭食用，更常在餐廳裡免費搭配料理食用。麵包芯的部分比較多，很適合沾上料理醬汁享用。

圖 8-2　小麵包

圖 8-3　鄉村麵包

【鄉村麵包（Pain de campagne）】（圖8—3）

鄉村麵包是直譯自法文，是一種一般家庭經常食用，在法國家庭料理中可說是主角之一的麵包，因而讓人可以想起老家、故鄉。法式傳統麵包通常只用小麥粉製作麵團，但鄉村麵包則大多會加上黑麥粉，用將近一小時的時間烤成又大又沉甸甸的麵包。具有厚度且香氣十足的麵包皮和富有嚼勁的麵包芯，通常可以吃上好幾天。

【黑麥麵包（Pain de seigle）】（圖8—4）

「Pain de seigle」的「seigle」就是黑麥的意思，通常黑麥麵包中黑麥粉使用的比例爲整體的二至三成左右，多的也有近五成的。這似乎是從德國南部傳入法國亞爾薩斯（Alsace）地區，在法國發揚光大的麵包。黑麥麵包的特徵是具有黑麥粉獨特的風味與口感，並作爲食用麵包而普及。特別是加上葡萄乾之類的果乾，或是加上核桃等堅果類，和葡萄酒或起司很搭，因而備受喜愛。

圖 8-4　黑麥麵包

接下來也介紹一些胖麵包。

【牛奶小麵包（Pain au lait）】（圖 8－5）

「Pain au lait」的「lait」是牛奶的意思。這是一種牛奶風味且口感輕軟的麵包，在飯店早餐中經常和龐多米（跟土司很像的法式麵包）或可頌等一起被裝在籃子裡。這種麵團要加入很多牛奶揉製，或許正是酪農業盛行的法國才會想出的麵包種類吧。

【可頌麵包（Croissant）】（圖 8－6）

圖 8-5　牛奶小麵包

圖 8-6　可頌麵包

可頌的誕生有很多說法，最具代表性的分別是維也納跟布達佩斯這兩個城市。兩個城市都在十七世紀時戰勝了入侵的鄂圖曼土耳其帝國，並爲了慶祝而做出模仿土耳其國旗象徵的新月麵包來食用，不久後傳入巴黎，便以法語中的新月（Croissant）爲名。但是像現在這樣折疊可頌麵團，是二十世紀後才開始的做法。

在可頌的麵團中捲入巧克力的巧克力可頌（圖8—7）是法國少數使用了巧克力的甜麵包。法國人非常喜歡巧克力可頌，無論在SNCF（法國國鐵）的車站和高速公路的休息站咖啡店，都可以看到法國人從一早就配著咖啡，大快朵頤巧克力可頌的樣子。

【布莉歐（Brioche）】（圖8—8）

這是被認爲誕生於法國諾曼地的一種麵包，十八世紀的廚師曼儂（Menon）的著作中提到喝熱巧克力時配的食物，這是布莉歐的名字初次被記載。進入十九世紀後，偉大的廚師兼點心師傅安東尼．卡雷姆（Antonin Carême）使得布莉歐作爲點心被流傳開來。至今仍是加入大量雞蛋和奶油製作的熱門麵包。

布莉歐依據形狀有許多不同名字，代表性的是「有尖頭」的尖型布莉歐，另外還有圓筒形（mousseline）、王冠型（couronne）、麵包型（nanterre）。特別是將麵團平展開來裹入卡士達醬和葡萄乾捲成筒狀，再切片烘烤的Brioche aux raisins，相當受到法國人喜愛（圖8－9）。

另外，布莉歐麵團不只可以做成麵包或點心，也常常在料理中亮相。例如香腸布莉歐（將香腸捲在布莉歐麵團中一起烤，

圖 8-7　巧克力可頌

圖 8-8　布莉歐

圖 8-9　Brioche aux raisins

Saucisson Brioché）、鮭魚千層酥派（在白醬中加入鮭魚、洋蔥、飯等填充物用麵團捲起烘烤，Coulibiac de saumon）等。

關於布莉歐有個小小的故事，在一六六九年時，歌劇指揮培朗神父因爲樂團成員太常怠惰翹掉練習，所以每次他們出錯就會讓他們罰錢，他似乎是將罰金存起來，然後在月底買布莉歐給團員，大家一起享用。

【咕咕洛芙（Kouglof）】（圖8—10）

咕咕洛芙是法國亞爾薩斯省的著名糕點，傳說這個甜點是差不多在耶穌誕生的同時，在一個叫里博維萊（Ribeauville）的小鎮上出現的。實際上，推測是十七世紀時從德國傳入。亞爾薩斯地區是啤酒花的產地，也興盛釀啤酒，從那時候就已經使用啤酒酵母來讓麵團發酵了。另外，亞爾薩斯稱甜的咕咕洛芙爲Kouglof sucré，作爲點心來享用；而鹹的咕咕洛芙稱爲Kouglof salé，會當成啤酒或葡萄酒的下酒菜一起吃。

直到現在，里博維萊小鎮六月的第一週週末都會舉辦咕咕洛夫祭典，當天會使用古

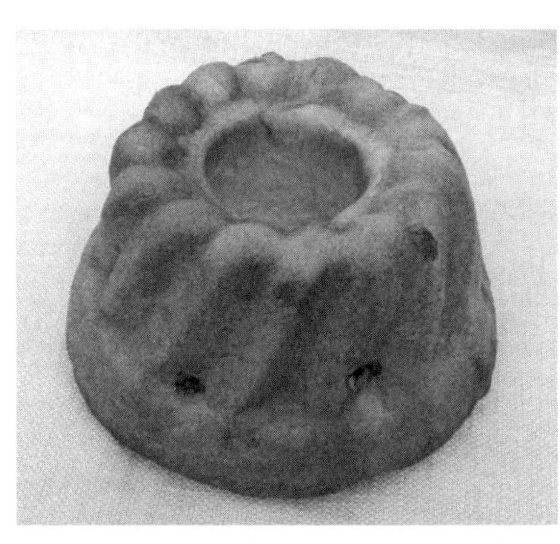
圖 8-10　咕咕洛芙

法及模子來烘烤咕咕洛夫，並從一早就將成品陳列在比賽會場，由村民配著亞爾薩斯的葡萄酒，各憑喜好試吃各種咕咕洛夫。而祭典主角是巨大的咕咕洛夫，會擺在像神轎那樣的東西上，在村子最多人的大街上遊行。此外，亞爾薩斯地區的咕咕洛夫模子上畫有五顏六色的花圖案，外觀很亮眼，所以收藏這些模具的人似乎也不少。

咕咕洛夫也有一個小故事。根據《Larousse Gastronomique》（一九三八年法國出版的料理小百科），咕咕洛夫會變得如此廣爲人知，似乎是因爲十八世紀下半時受到瑪莉・安東尼特皇后所喜愛。一七八九年法國大革命時，傳說當時法國人民高喊著「沒有麵包了！」而瑪莉皇后見狀卻說了牛頭不對馬嘴的話：「沒有麵包，吃點心不就好了」，這個傳說相當有名，而據說那個「點心」就是指咕咕洛夫（也有一說認爲是布莉歐）。

*奧地利的麵包

【凱薩麵包（Kaisersemmel）】（圖8—11）

凱薩麵包是奧地利及德國南部很流行的小麵包。先是在整好型的麵團表面使用專門的壓模，壓出五瓣花的樣子，再烤成香噴噴的麵包。也可以再灑上芝麻或罌粟之類的種子，讓外觀看起來更豐富。這種麵包很適合拿來做三明治，不管是餐廳還是一般

圖 8-11　凱薩麵包

家庭，都會把麵包切成兩片，然後夾入喜歡的配料來食用。

「Kaisersemmel」的「Kaiser」就是皇帝的意思，正如其名被做爲皇帝的麵包而傳承下來，所以麵包的形狀追求簡練美麗，使用五瓣花的專用麵包模來製作。而爲了讓烤好的麵包留下清楚的形狀，對麵團壓模的時間點是非常重要的。

*德國的麵包

【柏林鄉村麵包（Berliner-Landbrot）】（圖8—12）

這是一種被說是「柏林風格鄉村麵包」的大型麵包，黑麥的配方比例高，爲德式裸麥麵包。在有點平坦的橢圓形麵包表面上，擁有獨特的龜裂圖案，成爲這種麵包的特色。因爲揉入了大量酸種，所以口感特徵上帶有酸味和溼潤的口感。切成較薄的切片後加上帶有鹹味的火腿、香腸和起司，做成開放式三明治，或者也可以做成一般的三明治來享用。另外，它和啤酒跟葡萄酒也非常搭，完全可說是德國代表性的黑麥麵包。

圖 8-12　柏林鄉村麵包

【扭結餅（Brezel）】（圖8—13）

「Brezel」這個名字是拉丁語中「手臂」的意思，起源自古羅馬的環型麵包。另外，這也用於德國的麵包店（bäckerei）招牌，古時候也認爲它可以驅逐惡靈或魔法，而經常在屋前或樹上懸掛扭結餅型

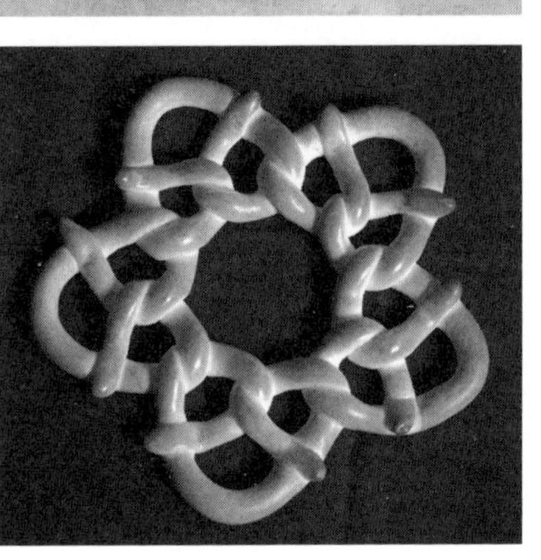

圖 8-13　扭結餅（上）和扭結餅花圈（下）

的裝飾。現在的麵包店前，則是懸掛金屬製的扭結餅裝飾，作爲麵包店的象徵。現在德國最普遍的Brezel，應該是Laugen Brezel（沾過氫氧化鈉容液再烘烤的麵包）。

Brezel的由來有諸多說法，似乎從中世紀歐洲時就已經有例子了。另外，關於Brezel獨特的形狀，也有「展現祈禱姿勢的手臂」「有三個空洞，象徵基督教的三位一體」等各種說法。

【辮子麵包（Zopf）】（圖8—14）

現在在歐洲各地都可以看到辮子麵包，這原本是源於祭祀時的辮子麵包，可追溯到古希臘、羅馬時，特別是女性經常將頭髮編成三股辮，所以好像就因此想出了這種具裝飾性質的辮子麵包。德國的辮子麵包是以三股辮作爲代表，也經常可以看到在胖麵包的麵團中加葡萄乾的做法。

＊義大利的麵包

【巧巴達（Ciabatta）】（圖8—15）

正如麵包形狀，「Ciabatta」在義大利文中是拖鞋的意思。透過有點奇特的整型方法，在分割成長方型的麵團發酵後，用手拉成直長型。這是源自義大利北部倫巴底地區的麵包，是一種硬式的主食用麵包，也很常在其他時候出現。

【義大利脆棒（Grissini）】（圖8—16）

脆棒是義大利西北部皮

圖 8-14　辮子麵包

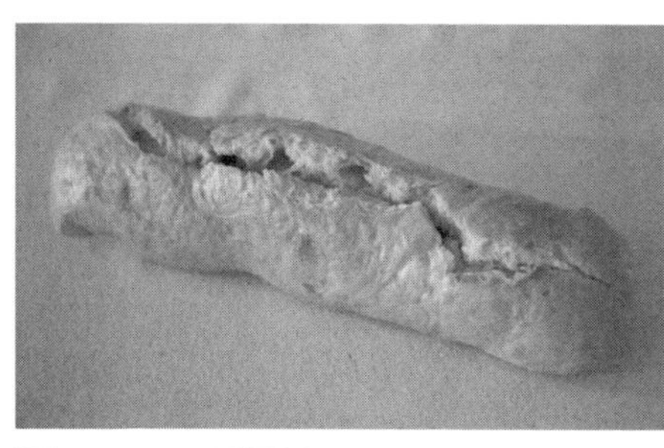

圖 8-15　巧巴達

圖 8-16　義大利脆棒

圖 8-17　佛卡夏

埃蒙特地區的麵包，做成跟人的食指差不多粗細的細長棒狀，以脆脆的口感爲特徵。啪地折斷後可以一邊喀哩喀哩地嚼食，是一種簡單零嘴的感覺。傳說是十七世紀杜林地方的麵包師傅，爲了體弱多病的薩伏依家王子（後來的維托里奧·阿梅迪奧二世），遵從醫囑而做出的麵包。另外，還有一個不知眞實性的傳聞，聽說拿破崙似乎很喜歡吃這個，在遠征義大利時還曾大聲怒斥「喂！交出杜林的麵包棒！」。

【佛卡夏（Focaccia）】（圖8—17）

說到佛卡夏，多半被認爲是將發酵麵團整成平坦狀，再進爐烘烤的麵包，但在義大利也有使用無發酵麵團等多種不同的類型。本來是義大利中部馬爾凱大區和溫布利亞大區的一種無發酵麵包，做法是將小麥和水揉成的麵團桿平後，用兩片圓形鐵板夾住並放進熱燙的灰中烤成披薩那樣的東西，並稱爲克雷夏（Crescia）或佛卡夏。日本常看到的發酵麵團製成的類型可以作爲配餐麵包，也有趁熱夾入生火腿或薩拉米香腸、起司等享用的吃法。根據地方不同，也有些會叫作chiachatta。

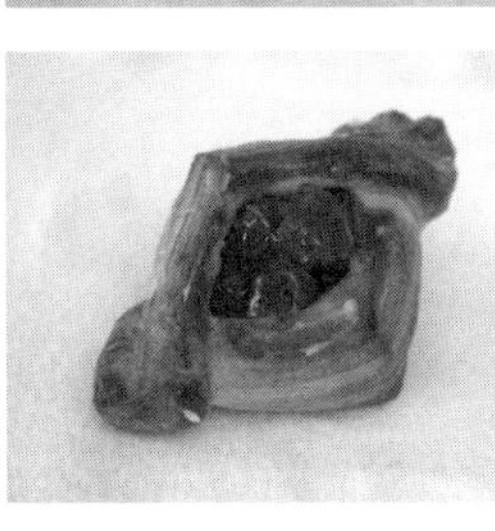

圖 8-18　丹麥酥皮麵包

*丹麥的麵包

【丹麥酥皮麵包（Danish pastry）】（圖8－18）

「Danish pastry」是從美國傳到日本的叫法，這種麵包原本其實是起源自維也納，並在之後普及到歐洲各地，做法是將奶油包入麵團並折疊起來。這種

圖 8-19　虎皮卷

麵包的做法是在酪農王國丹麥被確立下來，然後又再度被傳到了歐洲各地。在德國、奧地利有Plunder或Copenhagener，在法國有Danoises等各種稱呼。現代這種折疊後油脂層仍能清楚看見的酥皮麵包，跟可頌麵包一樣，都是二十世紀上半時才出現的麵包做法。現在日本平常也有使用奶油或水果等的丹麥麵包，讓麵包店的架上陳列變得更多彩多姿。

*荷蘭的麵包

【虎皮卷（Tiger roll）】（圖8—19）

名字感覺很勇猛的「虎皮卷」，是因爲在麵團表面塗上一層麵團，烤好之後看起來像是虎紋而被命名的。麵包體本身像是比較硬一點的土司，屬於半硬式的配餐麵包，但它發明的時間其實比想像中來得晚，一九七〇年代虎皮卷才以荷蘭阿姆斯特丹爲中心開始販售，之後則在不同國家以各種名字流行起來，像是倫敦以Tiger bread爲名，舊金山叫Dutch crunch，東京則叫Dutch loaf。

塗在表面的麵團，原本似乎是用米粉加上芝麻油、鹽、酵母、水加以混合，短暫地發酵後，再用刷毛塗到麵團表面上。附帶一提，米粉跟芝麻油主要是亞洲圈的產物，爲何這樣的麵包卻誕生於荷蘭呢？或許有人會有此疑問。其實荷蘭從過去就盛行和東南亞及日本等交易，也會將亞洲的食材和烹飪技巧帶回母國，加上一些處理後，再應用到各種食品上。

圖 8-20　英式瑪芬

＊英國的麵包

【英式瑪芬（English muffin）】（圖8－20）

英國人說：「只有用手把瑪芬剝成兩半，這些凹凸不平的地方再夾入餡一起食用，唯有如此做，才能品嘗到眞正的英式瑪芬，千萬別用刀切！」過去在倫敦街頭販售瑪芬的人，好像會將瑪芬裝在盆裡頂在頭上，邊走邊搖手鈴販售。英式瑪芬的特徵是烤完之後會白白的，這個後來成為一九四九年在美國開發的Brown'N Serve（烤到半熟後冷凍保存，用烤箱或烤麵包機再加熱後可以食用的乾烤型麵包）的原型。英式瑪芬和Brown'N Serve一九六〇年代在美國引起了風潮，英式瑪芬是在直徑十公分左右的淺底圓筒中放入許多板子，置入搓圓的麵團進行發酵後，再蓋上厚蓋子烘烤。

【麵包（Bread）】（圖8—21、8—22）

英國一般會將烤成loaf型（中長條狀）的土司稱為Bread，角型的稱為白麵包或三明治用麵包，山型的稱為黑麵包或烤土司用麵包。另外，英國似乎是在十七世紀左右時，開始製作模製麵包（放入模具中烤的麵包）的。

【烤麵餅（crumpet）或司康等蘇打麵包】

蘇格蘭地區有司康、英格蘭地區有烤麵餅，而愛爾蘭地區的愛爾蘭式蘇打麵包，是一種使用泡打粉（發粉）來膨脹的餅乾狀麵包。雖然蘇打麵包這名字可用在所有使用泡打粉的麵包點心上，但被命名為蘇打麵包的這種麵包，並不是透過酵母的酒精發酵使得麵團膨脹。另外，原本使用的是泡打粉的主原料——小蘇打（碳酸氫鈉：

$NaHCO_3$）。和發酵麵包不同的優點是，可以在短時間內簡單製作出來，因而在十九世紀後半普及開來。

在日本很習慣喝茶時將司康沾上奶油或果醬等來食用的方式，有時也會將烤麵餅視爲「有發酵的英式鬆餅」。但是如同前述，原本烤麵餅是一種不經發酵、透過泡打粉來當膨脹劑的麵包，它在加熱後會產生二氧化碳，而讓麵團膨脹。這種時候產生的碳酸鈉有種獨特的氣味和苦味，這便成爲蘇打麵包的特色。

圖 8-21　白麵包

圖 8-22　黑麵包

烤麵餅或司康的麵團會使用低筋麵粉，配方中的水分也較少，以儘量不產生麩質的方式簡單地混合材料，製作出混入很多空氣、麵團的比重跟黏性都低的麵團。

這是爲了讓麵團只靠二氧化碳也可以膨脹。而泡打粉也被改良爲可以產生很多二氧化碳的類型，可以輕鬆做出美味的麵包。

烤麵餅和司康美味的祕密在於各自都有獨特的口感和風味，表面鬆軟或者有點酥酥的很好咬斷，裡面的麵包芯則比較溼潤，彼此協調成烤麵餅的口感，這種口感就是烤麵餅和司康的獨特之處。另外，獨特口味雖然和材料本身的香味及美味也有關係，但殘留的碳酸鈉氣味及微妙的苦味，也是一大來源。而且基於一些原因，歐美各國因爲牙膏或漱口水、胃藥中會加入小蘇打，所以日常生活也很習慣這種味道，或許也因此而覺得美味吧。

＊美國的麵包

【貝果（Bagel）】（圖8—23）

貝果是一九八〇年代左右從北美開始廣爲流行的。這是一種先煮過再烘烤的特殊麵包，以具有彈性嚼勁的口感爲特徵，並分成蒙特婁式或紐約式，兩種貝果決定性的差異在於蒙特婁式不會在麵團中加鹽。近年來，貝果不僅在美國全國，在日本也變得相當普及。另外，麵團中也可加入各種副原料，使得成品變化相當多樣，也經常做成各種貝果三明治。

【長條土司（Loaf of bread）】

在美國，長約三十至三十五公分，重約七百至八百公克的土司就叫做長條麵包；日本的話就是叫方型土司或山型土司。

另外，於美國僅次於長條麵包受歡迎的，是被稱爲「Variety bread」的不加蓋烘焙長條麵包。這是土司麵包的一種變化型，此外，也有加上全粒麥粉或小麥粉以外的穀物；或是加上果實或堅果的種類，所以種類相當豐富。其中使用全粒粉、葡萄乾、核桃的全麥土司（參考P29）、葡萄乾土司、核桃麵包是美國人最喜歡的幾種固定Variety bread（圖8－24）。

【葡萄乾土司（Raisin bread）】（圖8－25）

日本也很熟悉的葡萄乾土司，是在偏胖的土司麵團中混入許多的葡萄乾，和奶油相當搭，直接吃或烤熟都能引出葡萄乾的酸甜味道。原本加洲就是全世界最大的葡萄產地，雖然葡萄酒也很

圖 8-23　貝果

有名，但葡萄乾（乾燥葡萄）的提供量更是占了全世界需求量的百分之五十。一九一二年設立的聖多美（Sun-Maid）公司的葡萄乾很有名，已故的麥可．傑克森（Michael Jackson）在一九八六年時，曾化身爲廣告用角色「Michael Jackson Raisin」，那個模型大受歡迎，讓人印象深刻。

【核桃土司（Walnuts bread）】（圖8—26）

在歐美，所有會被加在麵包裡的堅果類中，不知爲何地，核桃（Walnuts）幾乎可

圖 8-24　全麥土司

圖 8-25　葡萄乾土司

圖 8-26　核桃土司

說是固定配角。大概是因爲核桃果實比其他堅果類的脂肪多，和麵包混在一起很搭，口感也會變得更好吧！烤得恰到好處的核桃會產生出核桃的香氣，進一步誘出人的食慾。特別是美國加洲是世界性的核桃產地，品質則爲第一。杏仁、花生跟核桃可說是美國的三大堅果。

圖 8-27　甜味捲

接下來，果然還是該來介紹一下熱門的甜麵包。

【甜味捲（Sweet roll）】（圖8－27）

甜味捲是美國代表性的甜麵包。邊咕嚕咕嚕喝下美式咖啡（較淡的咖啡），邊大啖甜麵包，這是美國早上用餐區常見的光景。在胖麵團中豪邁地加入奶油和配料，甚至有的還會再加上翻糖之類的糖霜。

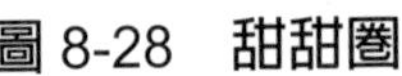

圖 8-28　甜甜圈

【甜甜圈（Donuts）】（圖8—28）

甜甜圈（Ring donut）和麻花捲甜甜圈（Twist donut），都是由美國發想並進化出的美國甜甜圈代表。其原型似乎是稱爲油蛋糕（olykoek）的一種祭典用荷蘭點心，這種點心的麵團使用了小麥粉、砂糖、蛋等原料，再將麵團做成碗狀，並用豬油油炸，然再後加上核桃。關於「donuts」這個名字的由來，有一說是如同字面，來自「dough」（麵團）再加上堅果（nuts）；另一種有力說法是因爲圓型麵團油炸過後的形狀很像堅果。

關於創造出甜甜圈的人，最有力的說法是十九世紀中期住在新英格蘭的船員漢森・格雷戈瑞（Hanson Gregory）。他因爲覺得圓形或四角形的甜甜圈很難炸透且油膩，因此提倡要把球型甜甜圈的中心挖通變成環狀。

另一方面，麻花捲甜甜圈則似乎在十九世紀中時就已經存在了，以《大草原之家》聞名的作家蘿拉・英格斯・懷德（Laura Ingalls Wilder），在描寫其丈夫少年時期的小說《農場少年》中，出現了六十種當時美國東部的家庭料理，其中就有麻花捲甜甜圈。故事中描寫了少年主角的母親炸著麻花捲甜甜圈的樣子，而以小孩的角度來看，這可是令小孩相當開心的情景。

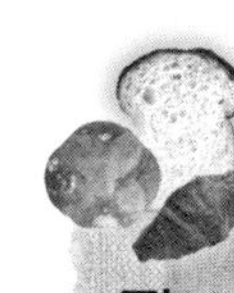

歐洲三大耶誕節蛋糕～傳統耶誕節蛋糕都是發酵甜麵包～

【耶誕史多倫（Christstollen）】（圖8－29）

「stollen」這個名字最近在日本也逐漸變得常見了，但正式名稱其實應該是「Christstollen」，這是德國用來慶祝耶誕節的節慶點心。最早於十五世紀出現，十七世紀初時開始被用作宗教儀式上的供品。

這種點心在使用大量奶油和蛋的發酵麵團中，再加入許多的果乾或堅果，把揉好的麵團細心地烘烤後，塗上融化的奶油，並密實地灑上幼糖，最後再以糖粉做最後的裝飾。

每年要到十一月十一日的聖瑪爾定節（St. Martin's Day）之後，才會輪到史多倫的登場，麵包、蛋糕店在開始賣史多倫前，會先將秋天的店內擺飾拿下，換上耶誕節的

圖 8-29　耶誕史多倫

裝飾，比較早一點的店會在十一月中旬左右開始，一般來說是從十一月末開始起算的四個禮拜，也就是主要在將臨期（Advent）販售。所謂的將臨期，基本上是從接近耶誕夜的那個週日往前回推四週，並持續到耶誕夜爲止。在第一個主日（最初的星期日）會點燃耶誕降臨花環上的第一根蠟燭，每隔一週就會點上一根新的蠟燭。而在德國的德勒斯登，會在第二個主日（第二次星期日）前一天舉辦史多倫節（史多倫祭典），並烤一個重約三噸的巨大史多倫來慶祝。史多倫跟一般的麵包或點心不同，有一種非日常的節慶感，價格也比較高。到了十二月後會有很多人送給朋友或職場上的人，聽說也有不少人將手作的史多倫用來當贈禮。

說到史多倫的歷史，可以追溯到中世紀，德國麵包博物館前館長的著作中寫道：「一三二九年的文獻就已有記載，耶誕節時會將『名爲史多倫的細長型小麥麵包』作爲贈禮，獻給薩勒河畔的城市——瑙姆堡的主教海因里希。」根據當時的天主教教義，耶誕節期間的麵包和點心，是禁止使用奶油、牛乳、蛋的，因此只能使用小麥粉、酵母、水來製作。

一四一七年時，德勒斯登的聖巴托洛梅醫院所開出的需求單中，史多倫作爲「基督教麵包」被列在其中，但當時似乎是作爲復活節用的點心來下單的，雖然無法確定是否有使用奶油，但耶誕節故事中記載了要在麵包表面灑上白色糖粉之類的東西。

關於當時的「節制、修行」，在其他資料中也記載了「中世紀時對於節制的規範雖然非常嚴格，但一四八六年教皇英諾森八世（Innocentius）允許了在修行期間也可以攝取乳製品」。其後一四九一年時，同一位教皇頒布了有名的「奶油許可證」，以希望領主薩克森公爵負擔弗萊堡大教堂的建設費用作爲交換條件，允許史多倫之外其他麵包或點心，也可以加入奶油當材料。

進入十六世紀後，德勒斯登開始販賣「耶誕節的基督教麵包」，據說在那之後，每年耶誕節麵包師傅都會製作巨大的史多倫。

那時的史多倫就是現在的史多倫的原型，其後宮廷的甜點師海因里希・德拉斯德（Heinrich Drasdo）將果乾或堅果等加入麵團中，成爲了今日大家所熟知、材料豐富的

耶誕節慶祝蛋糕。

【潘娜朵妮（Panettone）】（圖8—30）

潘娜朵妮是誕生於米蘭的義大利傳統耶誕節慶麵包，以該地特有的Panettone酵母爲底，加上砂糖、蛋、奶油還有葡萄乾等果乾，揉製成麵團後，烘烤成圓頂狀的甜麵包。

誕生於義大利的潘娜朵妮，其起源非常古老，發祥地也有諸多說法，義大利各地自古流傳的潘娜朵妮配方及形狀也略有不同。現在日本一般所見到的潘娜朵妮，是以奶油和蛋、果乾及香料等做成的圓柱或圓頂狀麵包。

圖 8-30　潘娜朵妮

一般說法是潘娜朵妮發源自米蘭，但也有一說表示此麵包是原本住在米蘭的貧窮麵包師傅之子托尼，因爲愛上了某個女孩而做出的麵包。兩人因爲身分懸殊而受到許多阻礙，托尼爲了克服這點而拚命努力製作麵包。在多次嘗試之後，做出了一種大麵包（加入大量的蛋及奶油，並摻入果乾等製成），並大受好評。後來有許多有錢貴夫人們紛紛上門想吃這種麵包，使得這種麵包有了「托尼的麵包（Pan del ton）」的別名，最後或許是以訛傳訛，就變成了「潘娜朵妮」。

雖然潘娜朵妮的由來有很多種說法，但都是在不知不覺間，就成了耶誕節或慶祝時經常出現的麵包了。將它作爲耶誕節蛋糕或贈禮的地區不只有米蘭，還從義大利全境傳到鄰近國家。此外，在義大利的耶誕節或其他慶祝的時候，也會吃其他種類的發酵點心。

【耶誕布丁（Christmas Pudding）】（圖8－31）

圖8－31又稱爲梅子布丁（Plum Pudding），是英國傳統的發酵烘焙點心，小麥粉加上碎肉（mince meat，將果乾或堅果放在牛內臟脂肪、粗紅糖、蘭姆酒或白蘭地中醃漬二至三個月的材料）一起揉成麵團，再發酵二至三天後所製作的麵包。麵團倒入模具後經過數小時蒸烤，就完成了這個大型的點心。另外，烤好後要再讓它發酵三至四週是其特徵之一，經過這個過程會產生獨特的風味和口感。成品通常會作爲十二月二十五日耶誕晚餐的甜點，在完整的蛋糕上裝飾柊樹的葉子和果實，再淋上獨特的白蘭地漿點燃，最後才分切成一人份。

圖 8-31　耶誕布丁

耶誕布丁的歷史可以追溯到中世紀，mince meat這種內餡原本是來自甜派（mince pie）這種點心。mince meat是「收集起來的碎肉」的意思，實際上是將羊、雞、牛舌用鹽醃漬後，加上葡萄乾、糖漬水果、香料、粗紅糖等混合而成的產物。在清教徒革命時期因爲被禁止慶祝耶誕節，所以過去耶誕節傳統食物之一的甜派也不能做，但到了十七世紀後半恢復王政後，小小的圓型甜派終於重新回到英國人的耶誕節餐桌上，只不過內餡換成了mince meat。

維多莉亞王朝後，以水果的甜派作爲參考原型，現在的耶誕布丁就這樣被製作了出來。十九世紀中時維多莉亞女王將耶誕布丁選爲英國王室的點心，從此以後成爲耶誕節不可或缺的點心。

耶誕布丁也登場於英國許多故事跟詩中，從中也可以看出它已經成爲傳統。

舉例來說，查爾斯·狄更斯的《小氣財神》（一八四三年）中，有這樣一段令人會心一笑的一家和樂情景：

「冉冉升起的熱氣，加熱好的白蘭地在點心的表面燃燒著，周圍的布巾也一起被蒸熱了。剛取出的布丁同時散發出甜甜的香氣還有一點洗衣坊般的香味，被裝飾在上頭的柊樹葉閃耀著美麗的光澤。孩子們不禁屏息，迫不及待地盯著豐盛的大餐，全家所有人都邊讚賞著，十分珍惜地一口一口享受這至高無上的幸福瞬間。」

另外，鵝媽媽童謠中也有這麼一段：

「英國的小麥粉和

西班牙的果子

在豪雨中見面了。

被裝入袋中，用繩子束好，

如果能解開這個謎題的話，

就送你戒指作爲獎賞吧。」

這個謎題的答案正是「梅子布丁」。

其他還有《彼得兔》系列、《愛麗絲夢遊仙境》、《哈利波特》系列、阿嘉莎·克莉絲蒂的《名偵探白羅》系列等諸多作品中都出現了耶誕布丁（梅子布丁），如果有接觸英國文學的話，請務必讀讀看。

後記

各位讀者不覺得在人類漫長歷史中，麵包是最適合稱爲「universal food」的食物嗎？今天放眼全世界，應該沒有不吃麵包的人種或民族。那麼，麵包爲什麼會普及到全世界呢？這個答案可以說因爲小麥是名符其實的「世界第一」穀物吧。小麥粉是穀粉加工食品中應用性非常高的原料，這使得麵包等都適合大量生產，營養價值也高，是相當優良的食品，以上這些是主要的理由。而支持著麵包這種加工食品的，正是「Baking Science & Technology」——也就是麵包的科學和技術。不僅是麵包加工，小麥、酵母到油脂或乳製品等各原料，也是今日加工技術所矚目的。

在本文中也有提到，二十世紀初開始，以美國和德國爲中心的國家使得麵包生產的急速現代化，並讓麵包的大量生產變得可能。背後的原因是製粉技術及機器的進步，接著，麵包用酵母的菌株被發現，以及菌株單獨培養的成功，換言之，適合製作麵包的小麥粉和酵母被量產，瞬間改變了過去數千年的人類麵包史。雖然這個機制在本書中已經仔細談論過了，但現代的麵包是由於小麥蛋白質形成了擁有適度彈性及延展性的麩質，而麩質將酵母發酵產生的大量二氧化碳包起來，使得麵團得以膨脹。蓬鬆柔軟的麵包在人類社會中登場，這些麵包與一直以來都沉甸甸且充滿嚼勁的麵包差異彷彿異次元那麼大。而這些蓬鬆柔軟的麵包在一間工廠中，一天可能可以生產出幾千、幾萬個，這也是相當劃時代的改變，筆者將之稱爲「烘焙工業革命」，我想這絕沒有過度誇大。根據設備規模，一天的產量變成過去的一百倍、一千倍，並且讓烘焙市場更加活絡，使得許多人可以買到便宜的麵包。結果是麵包成爲世界上許多國家的基本食品，確立了其地位，許多人也因此更加喜愛麵包。

換個話題，當然麵包的成功不僅是麵包廠或原料廠的功勞。以學術眼光對待的學會及學術團體的功勞，也是不可忽視的。許多科學家在二十世紀上半打下了這個「Baking Science & Technology」相關論文及報告的ＩＣＣ、ＡＡＣＣＩ等歐美代表性基礎，那時候的研究題目及論文多不勝數，並確立起麵包科學的基礎，這使得二十世紀下半應用這些成果的研究也相當活躍，可說是產學合作使得世界性規模的烘焙經濟得以展開。

本書將爲數衆多的先人所留下的「Baking Science & Technology」依據領域而拆出一部分來進行解說，並儘量以簡單明瞭的方式解釋，希望每一項都能讓人閱讀下去。

本書的製作動機是，本人衷心期望可以讓喜歡麵包的人、或對麵包的科學有興趣的人，能透過閱讀本書產生更加濃厚的興趣，也希望更多人可以美味地享用麵包。另外，如果是從事麵包相關工作的人們，如果本書可以讓您們對於加深對麵包的理解，多少產生點助益的話，我會覺得十分高興。

最後，我要向投入於本書的企畫、提案、架構的講談社家田有美子小姐，以及統整了從編輯到出版為止所有事務的須藤壽美子小姐，致上深深的感謝。另外，也謝謝將本文中的圖片畫得淺顯易懂的梶原綾華小姐。

平成三十年五月吉日

吉野精一

——— Special Thanks ———

各公司的行銷部門及研究開發部門的各位，非常謝謝配合取材，我衷心感謝各位的幫忙。

- 大阪燃氣股份有限公司（大阪ガス株式会社）
- Oriental酵母工業股份有限公司（オリエンタル酵母工業株式会社）
- 鐘淵化學工業股份有限公司（株式会社カネカ）
- PAN NEWS股份有限公司（株式会社パンニュース社）
- Baker's Time股份有限公司（株式会社ベーカーズタイムス社）
- Kewpie Egg股份有限公司（キューピータマゴ株式会社）
- 日清製粉股份有限公司
- 松下電器（Panasonic）
- 森永乳業股份有限公司

論文

1. 「北海道におけるパン用小麦（高タンパク硬質小麦）の生産，育種，用途開発の現状と将来」山内宏昭「パン科学会誌46（4）、pp.37-49」（2000年）
2. 「Pelshenke Test」（AACC Method 56-50）
3. 「SHとSSの生化学」高木俊夫「有機合成化学協会誌第35巻第5号」（1977年）
4. 「グルテンタンパク質のネットワーク形成における食塩の役割」裏出令子「食品と技術」（2008年）
5. 「市販活性グルテンのネットワーク形成における硬水の効果」日比野久美子「名古屋文理大学紀要　第14号」（2014年３月）
6. 「脂肪の代謝とその調節—からだのエネルギーバランス—」大隅隆（2008年）
7. 「食品とアミノカルボニル反応」加藤博通、藤巻正生「日本釀造協會雜誌第63巻　8号」
8. 「食品におけるメイラード反応」臼井照幸「日本食生活学会誌　第26巻第1号　7-10」（2015年）
9. 「超強力秋まき小麦品種「ゆめちから」の育成」田引正、西尾善太、伊藤美環子、山内宏昭、高田兼則、桑原達雄、入来規雄、谷尾昌彦、池田達哉、船附稚子　「北海道農業研究センター研究報告（195）、pp.1-12」（2011年）
10. 「パン生地，生イーストおよびドライイースト中の乳酸菌の特性」武田泰輔、岡田早苗、小崎道雄「日本食品工業学会誌　31巻　10号p.642-648」　（1984年）
11. 「ミキシングによるパン生地のタンパク質と油脂の相互作用とタンパク質の変化」福留真一、西辻泰之、隈丸潤、松宮健太郎、松村康生「化学と生物　Vol.52 No.7」（2014年）

42. 『パンの風味　伝承と再発見』レイモン・カルベル　安部薫（訳）（パンニュース社　1992年）
43. 『パンの文化史』舟田詠子（朝日新聞社　1998年）
44. 『パンの歴史』ウィルヘルム・ツィアー　中澤久（日本語版監修）（同朋舎出版　1985年）

外文書

1. 『BAKERY MATERIALS AND METHODS Forth Edition』ALBERT R.DANIEL（APPLIED SCIENCE PUBLISHERS　1963年）
2. 『BAKING SCIENCE & TECHNOLOGY Volume.1・2』E.J.PYLER（Sosland Publishing Company 1988年）
3. 『Cook's Oracle 4th edition』De la Groute（Publisher Edinburgh:A. Constable　1822年）
4. 『Fetes st gateaux de I'Europe traditionnell』Nicole Vielfaue（Editions Bonneton 1993年）
5. 『HONEY』I.Mellor（Congdon&Lattès　1981年）
6. 『Manual for Army Bakers』United States.War Dept（1916年）
7. 『Pains spéciaux et décorés』J.Chazalon, P.Michalet（St-Honoré　1989年）
8. 『Raisins & Dried Fruits』ANNA L.PALECEK, GARY H.MARSHBURN, BARRY F.KRIEBEL（SUN-MAID OF CALIFORNIA 2011年）
9. 『THE COMPLETE Bread BOOK Ⅰ・Ⅱ』Lorna Walker, Joyce Hughes（Crescent　1977年）
10. 『The food of the western world』T. FitzGibbon（Hutchinson　1976年）
11. 『THE WORLD OF ENCYCLOPEDIA OF BREAD』CHRISTINE INGRAM, JENNIE SHAPTER（ANNES PUBLISHING　1999年）
12. 『THE WORLD OF ENCYCLOPEDIA OF FOOD』L.Patrick Coyle Jr.（Facts on File　1982年）
13. 『WHEAT Chemistry and Technology』Y.Pomeranz（AACC　1964年）

20. 『食品の乳化　―基礎と応用―』藤田哲（幸書房　2006年）
21. 『食品用乳化剤　―基礎と応用―』戸田義郎・門田則昭・加藤友治（編著）（光琳　1997年）
22. 『食卵の科学と機能』渡邊乾二（編著）（アイ・ケイコーポレーション　2008年）
23. 『新版　お菓子「こつ」の科学』河田昌子（柴田書店　2013年）
24. 『製パン原料』　井上好文（編）（日本パン技術研究所　1997年）
25. 『製パンに於ける穀物　Cereals in Breadmaking A Molecular Colloidal Approach』Ann-Charlotte、Kåre Larsson　瀬口正晴（訳）
26. 『製パンの科学　パンはどうしてふくれるのか？』　松本博（日本パン技術研究所　1980年）
27. 『製パンの科学＜Ⅰ＞　製パンプロセスの科学』　田中康夫・松本博（編著）　（光琳　1991年）
28. 『製パンの科学＜Ⅱ＞　製パン材料の科学』　田中康夫・松本博（編著）（光琳　1992年）
29. 『Salt　塩の世界史　上・下』マーク・カーランスキー　山本光伸（訳）（中央公論新社　2014年）
30. 『食べものからみた聖書』河野友美（日本基督教団出版局　1984年）
31. 『中世のパン』フランソワーズ・デポルト　見崎恵子（訳）（白水社　2004年）
32. 『ドイツのパン技術詳論』オットー・ドゥース　清水弘熙（訳）（パンニュース社　1992年）
33. 『乳製品製造学』伊藤肇躬（光琳　2004年）
34. 『パン』レイモン・カルベル　山本直文（訳）（白水社　1965年）
35. 『パン』安達巖（法政大学出版局　1996年）
36. 『パン「こつ」の科学』吉野精一（柴田書店　1993年）
37. 『パン食文化と日本人』安達巖（新泉社　1985年）
38. 『パンづくりの科学』吉野精一（誠文堂新光社　2012年）
39. 『パン入門』井上好文（日本食糧新聞社　2010年）
40. 『パンの源流を旅する』藤本徹（編集工房ノア　1992年）
41. 『パンの百科』締木信太郎（中央公論社　1977年）

参考文獻

日文書

1. 『朝日百科　世界の食べもの　1～14巻』野沢敬（編）　（朝日新聞社　1984年）
2. 『新しい製パン基礎知識（再改訂版）NEW BAKING GUIDE』竹谷光司（パンニュース社　2009年）
3. 『NHKスペシャル　四大文明　エジプト』吉村作治・後藤健ほか（編著）（日本放送出版協会　2000年）
4. 『NHKスペシャル　四大文明　メソポタミア』松本健ほか（編著）（日本放送出版協会　2000年）
5. 『おいしい穀物の科学』井上直人（講談社　2014年）
6. 『オールガイド　食品成分表　2017』（実教出版　2016年）
7. 『牛乳・乳製品の知識』（日本酪農乳業協会　2006年）
8. 『コムギ粉の食文化史』岡田哲（朝倉書店　1993年）
9. 『小麦粉博物誌』日清製粉株式会社（編）（文化出版局　1985年）
10. 『小麦粉博物誌2』日清製粉株式会社（編）（文化出版局　1986年）
11. 『小麦・小麦粉の科学と商品知識』製粉振興会（編）（製粉振興会　2007年）
12. 『小麦の機能と科学』長尾精一（朝倉書店　2014年）
13. 『最新食品学　―総論・各論―』甲斐達男・石川洋哉（編）（講談社　2016年）
14. 『最新の穀物科学と技術』Y.Pomeranz　長尾精一（訳）（パンニュース社　1992年）
15. 『砂糖ミニガイド』（精糖工業会　2014年）
16. 『脂質の機能性と構造・物性』佐藤清隆・上野聡（丸善出版　2011年）
17. 『食の歴史　Ⅰ・Ⅱ・Ⅲ』J-L・フランドラン・M・モンタナーリ（編）宮原信・北代美和子（監訳）（藤原書店　2006年）
18. 『食品Gメンが書いた食品添加物の本』廣瀬俊之（三水社　1988年）
19. 『食品・そのミクロの世界』種谷真一・木村利昭・相良康重（槇書店　1991年）

索引

【英文】

【ㄅ】

知的！159

麵包的科學

令人感到幸福的香氣與口感的祕密

パンの科学

作者	吉野精一
內文圖片	SAKURA 工藝社
內文插圖	梶原綾華
譯者	張資敏
編輯	吳雨書
封面設計	陳語萱
美術設計	曾麗香
創辦人	陳銘民
發行所	晨星出版有限公司 407台中市西屯區工業30路1號1樓 TEL：04-23595820　FAX：04-23550581 行政院新聞局局版台業字第2500號
法律顧問	陳思成律師
初版	西元2020年3月15日
再版	西元2022年3月15日（二刷）
讀者服務專線	TEL：02-23672044 / 04-23595819#212 FAX：02-23635741 / 04-23595493 E-mail：service@morningstar.com.tw
網路書店	http：//www.morningstar.com.tw
郵政劃撥	15060393（知己圖書股份有限公司）
印刷	上好印刷股份有限公司

定價420元

（缺頁或破損的書，請寄回更換）

ISBN 978-986-443-973-7

國家圖書館出版品預行編目資料

麵包的科學：令人感到幸福的香氣與口感的祕密／吉野精一著；
張資敏譯.
— 初版. — 臺中市：晨星, 2020.03
面；公分. —（知的！；159）
譯自：パンの科学

ISBN 978-986-443-973-7（平裝）

1. 食品科學 2. 麵包

427.16 108023097

掃描QR code填回函，成爲晨星網路書店會員，
即送「晨星網路書店Ecoupon優惠券」一張，同
時享有購書優惠。